油气管道地质灾害风险评价理论与实践应用丛书

油气管道地质灾害防治与监测技术

潘国耀　王向东　张友谊　邹维勇
余东亮　杨晓东　王成锋　肖长波　等　著

科学出版社

北　京

内 容 简 介

随着全球气候变暖，地壳活动进入一个相对活跃期，油气管道遭受地灾威胁愈加强烈。本书在总结油气管道地质灾害的危害、国内外油气管道地质灾害防治及监测技术发展现状的基础上，详细论述油气管道地质灾害调查、排查的具体内容，野外识别的方法，单体及区域地质灾害风险性评价方法。针对最为常见的四类管道地质灾害（滑坡、崩塌、泥石流、水毁），结合实际工程案例详细介绍各类地质灾害的主要预防、治理技术及监测技术，最后对管道地质灾害综合防治技术发展趋势进行展望。

本书可供地质工程、岩土工程、油气储运工程、城市燃气工程等专业及其相关领域的技术人员、研究人员、大专院校的教师、研究生和高年级大学生参考使用。

审图号：GS（2018）5676 号

图书在版编目（CIP）数据

油气管道地质灾害防治与监测技术 / 潘国耀等著. —北京：科学出版社，2019.01

ISBN 978-7-03-059962-9

Ⅰ.①油… Ⅱ.①潘… Ⅲ.①油气运输-长输管道-地质灾害-灾害防治 ②油气运输-长输管道-地质灾害-监测 Ⅳ.①TE973 ②P694

中国版本图书馆 CIP 数据核字（2018）第 278536 号

责任编辑：罗 莉 / 责任校对：彭 映
责任印制：罗 科 / 封面设计：墨创文化

科 学 出 版 社 出版
北京东黄城根北街 16 号
邮政编码：100717
http://www.sciencep.com

四川煤田地质制图印刷厂印刷
科学出版社发行 各地新华书店经销
*
2019 年 1 月第 一 版 开本：787×1092 1/16
2019 年 1 月第一次印刷 印张：9 1/2
字数：222 300

定价：98.00 元
（如有印装质量问题，我社负责调换）

《油气管道地质灾害防治与监测技术》
作者名单

潘国耀　王向东　张友谊　邹维勇

余东亮　杨晓东　王成锋　肖长波

汪天寿　徐　江　罗本全　吴　瑶

叶小兵　袁亚东

序

　　管道作为油气的主要运输手段，承载着我国 70% 的原油和 90% 的天然气运输的重任，助力我国经济的发展。长输油气管道分布范围广，不可避免要穿越山高谷深、地形陡峻、地震及活动断裂发育的地带，面临滑坡、崩塌、泥石流、山洪等灾害风险。

　　位于我国西部的兰（州）—成（都）—渝（重庆）成品油、兰（州）—郑（州）—长（沙）成品油、兰（州）—成（都）原油、中（卫）—贵（阳）天然气、中缅原油及天然气等重要能源管道建成运营以来，为了加大管道沿线风险预控，中石油西南管道公司协同四川省地质工程勘察院、西南石油大学先后完成了地质灾害风险评级体系与评价模型研究、地质灾害风险性图形库建设、地质灾害监测预警系统开发等相关课题，形成了国内首批针对油气管道地质灾害方面的系统性研究成果。以《地质灾害危险性评估规范》（DZ/T 0286—2015）、《滑坡崩塌泥石流灾害调查规范（1∶50000）》（DZ/T0261—2014）等技术规范为基础，结合《油气田及管道岩土工程勘察规范》（GB 50568—2010）、《油气管道地质灾害风险管理技术规范》（SY/T 6828—2017）等技术规范，首次系统地构建了管道沿线地质灾害风险评级体系与评价模型，建立了地质环境风险性图形库，为管道沿线地质灾害风险防控规范评价体系的确立提供了参考；结合管道地质灾害特点，研发针对管道地质灾害的监测预警方法，填补了油气管道地质灾害防治领域的诸多空白。

　　为了总结油气管道地质灾害防治系统性研究成果，为科研、设计、运营管理、领导决策提供参考依据，中石油西南管道公司组织专家学者和科研人员共计 100 余人，历时两年编撰了"油气管道地质灾害风险评价理论与实践应用"丛书，该系列共有 4 个专题分册，分别为：《地质灾害下油气管道安全可靠性》《油气管道地质灾害风险性评价原理与方法》《油气管道沿线地质灾害风险管控平台建设与应用》《油气管道地质灾害防治与监测技术》。其中：《地质灾害下油气管道安全可靠性》系统研究油气管道在遭受滑坡、水毁、崩塌、泥石流等地质灾害下的力学行为；《油气管道地质灾害风险性评价原理与方法》系统总结油气管道地质灾害风险性评价原理与方法；《油气管道沿线地质灾害风险管控平台建设与应用》系统介绍管道沿线地质环境风险管控平台建设与应用;《油气管道地质灾害防治与监测技术》系统阐述油气管道地质灾害防治与监测技术。

这套技术丛书,既是对油气管道地质灾害系统性研究成果的提炼总结,也是对未来油气管道地质灾害防治工作的展望。希冀此套丛书成为地灾风险防控工作的新起点,为管道安全运行提供支撑和保障。

殷跃平研究员

国际滑坡协会主席

自然资源部地质灾害防治技术指导中心首席科学家

前　言

中国是最早采用管道输送流体的国家，据《华阳国志》记载，早在公元前 200 多年的秦汉时代，蜀郡采气煮盐，将打通的竹节连接起来输送天然气，称之为"火笕"，输送卤水的则称之为"水笕"。但是直到中华人民共和国成立前，我国长距离输油管道建设一直处于空白状态。中华人民共和国成立后，一些大型油气田开发带动了管道工业的发展。1959 年我国建成了第一条新疆克拉玛依至独山子长距离原油管道，全长 147 千米，拉开了新中国油气管道建设发展的序幕。经过 60 多年的发展，截至 2017 年底，中国油气长输管道总里程累计约 12.6 万千米，其中天然气管道约 7.43 万千米（已扣减退役封存管道），原油管道约 2.62 万千米，成品油管道约 2.55 万千米。已初步形成了"北油南运、西油东送""西气东输、海气登陆、就近外供"的油气输送格局。

随着油气管道的高速发展，管道段地质灾害对管道的威胁剧增，构成了管道安全运营的主要风险源，通常会导致油气的大量泄漏、巨大的财产损失和环境破坏以及长时间的服务中断。我国现役油气管道相当一部分经过地质条件复杂的山区或环境恶劣的沙漠、戈壁、高寒地区，这些地区发育有数量众多、形式各样的地质灾害，对长输油气管道的安全运营造成极大威胁。为减少或避免地质灾害对管道造成的损毁，管道地质灾害的预防、治理、监测工作引起管道运营者的高度关注，纷纷采取有效防范措施，降低地质灾害带来的损失。

管道地质灾害在我国是自 2000 年以来伴随西气东输管道、忠武输气管道、兰成渝成品油管道及川气东送管道等长距离穿越山区管道的建设而新涌现出来的一类灾害形式。多年来，我国管道地质灾害已逐步被认识和重视。为能及时发现管道地质灾害并且有效地进行管道地质灾害防治，建立管道地质灾害综合治理及监测系统是目前急需解决的问题之一，但因对管道地质灾害防治及监测的探索和实践才刚开始，尚未形成系统的管道地质灾害综合治理及监测技术，故结合管道地质灾害的特点，充分利用和借鉴地质灾害领域中先进的防治方法及监测预警技术，服务于管道地质灾害预报预警，在吸收的基础上再创新，是目前我国管道地质灾害防治与监测技术工作的方向。

本书针对油气管道沿线最为常见的滑坡、崩塌、泥石流、水毁等地质灾害类型，系统介绍了常见油气管道地质灾害类别的调查识别、风险评价、工程防治及监测管理技术，详细阐述了典型地质灾害的治理设计要点、监测技术方法和典型工程案例，并展望了油气管道地质灾害综合治理与监测技术的发展前景。

感谢"油气管道地质灾害风险评价理论与实践系列"编委会专家在本书编写过程中给予的支持和指导，向所有为本书做出贡献的同仁表示感谢。

本书编写过程中参考了许多同领域专家、学者的著作和研究成果，在此表示衷心的感谢。由于时间仓促、编者水平有限，书中错误、疏漏和不足之处在所难免，恳请广大专家读者批评、指正。

目　　录

第1章 油气管道地质灾害防治与监测技术概述

当前，全球油气管道沿线崩塌、滑坡、泥石流等突发性地质灾害日益增加，对管道地质灾害的防治已经成为一个全球性问题。特别是随着全球气候变暖，地壳活动进入一个相对活跃期，世界各国正在遭受前所未有的管道沿线地质灾害的威胁。为了应对威胁，各国均对典型的管道沿线地质灾害进行了研究与防治,油气管道地质灾害防治技术及监测技术日益成熟。

1.1 油气管道地质灾害的危害

管道地质灾害是指对管道输送系统安全和运营环境造成危害的地质作用或与地质环境有关的灾害。常见的管道地质灾害类型有滑坡、崩塌、泥石流、水毁、地面塌陷等。我国长输油气管道分布广阔，经常不可避免地穿越地形地质条件复杂的地区，这些地区常常有发育的各种地质灾害，严重威胁管道的安全运营。

1.1.1 概述

受地理环境、气候及人类活动等因素的影响，管道工程中的地质灾害种类繁多、危害程度也各不相同。地质灾害引发土壤运动和地表变形，从而导致埋地管道产生弯曲、压缩、扭曲、拉裂、局部屈曲等破坏行为。欧洲天然气管道事故数据小组（European Gas Pipeline Incident Date Graup，EGIG）调查 1970～2001 年的西欧管道事故中发现，7%的事故是由地质灾害导致的；美国交通部统计的 1984～2001 年天然气输送数据表明，8.5%的事故是由地质灾害引起的；加拿大国家能源委员会调查显示，影响加拿大运营的管道事故中 12%是地质灾害导致的。某些极端情况，如南美安第斯山区的 Andean 管道，地质灾害导致的事故占到 50%以上。

其次，地质灾害导致管道破坏的统计频率掩盖了地质灾害对工业造成的风险损失。地质灾害相关的事故通常导致管道油气的大量泄漏、事故巨大的财产损失和对环境的破坏，以及长时间的服务中断，致使地质灾害导致管道事故的损失往往比其他事故损失要大。由美国交通部管道安全办公室提供的事故数据得知，地质灾害（地面移动）导致的损失仅次于第三方破坏。

1.1.2 油气管道地质灾害的类型与特点

1. 油气管道地质灾害的类型

管道地质灾害可分为岩土类灾害、水力类灾害和地质构造类灾害三大类。

（1）岩土类灾害是由侵蚀、人工活动、地震、冻融等因素引起的岩土体移动，包括滑坡、崩塌、泥石流、地面塌陷（包括采空区塌陷和岩溶塌陷）、特殊类岩土（如黄土湿陷、膨胀土胀缩、冻土冻融、盐渍土溶陷盐胀、风蚀沙埋等）等灾害类型。这种灾害发生频率高、危害大，特别是滑坡、崩塌、泥石流等灾害，常常造成管道长距离失效，是管道地质灾害的主要类型。

（2）水力类灾害是由水力因素引发的，包括坡面水毁、河沟道水毁、台田地水毁等。河沟道水毁又可以细分为河床局部冲刷、河床下切、堤岸垮塌、堤岸侵蚀、河流改道五种。水力类灾害发生频率高，但规模小，其危害比岩土类灾害和构造类灾害小。常导致管道埋深不足、露管、悬管等现象，不利于管道防护，是山区管道最常见的管道地质灾害类型。

（3）地质构造类灾害主要是由地壳构造运动等内应力因素引起的，主要指断层错动、地震（地震引起的砂土液化、地面移动、海啸等）、火山喷发等。这类灾害发生频率很低，但其影响区域大，能够直接破坏几条管道或管道的几个截面，并引发岩土类地质灾害或水力类地质灾害，对管道造成间接破坏。因此，地质构造类灾害对管道的危害同样不可小觑。

目前，管道上常见的、危害较大的灾害类型主要是岩土类灾害和水力类灾害，包括滑坡、崩塌、泥石流、采空区塌陷、黄土湿陷、风蚀沙埋、冻土、盐渍土和三类水毁（坡面水毁、河沟道水毁和台田地水毁）。构造类灾害由于其特殊性，运营期间的管道地质灾害防害及治理工作很少涉及。

2. 油气管道地质灾害的特点

（1）突发性、不确定性。地质灾害的发生往往非常突然，征兆不明显，发生过程历时短，不易预知。如滑坡、崩塌灾害，在几分钟甚至几秒钟的时间内，可能造成数万立方米甚至几百万立方米的岩土体快速运动和移位。

（2）长期性、动态性。管道地质灾害的形成、演化是一个长期的并且动态变化的过程，因此管道地质灾害的防治不是一朝一夕就能解决的，将伴随着管道的整个寿命周期。

（3）危害巨大。地质灾害体往往体积大、重量大，管道与其相差悬殊，在地质灾害作用下管道不堪一击。地质灾害导致的管道失效事故通常是管道断裂导致大量油气的泄漏、巨大的财产损失和环境破坏，且可能造成长时间的服务中断，其导致的损失往往比其他事故大。

1.1.3 我国管道地质灾害分布特点

油气管道地质灾害的形成与自然地质环境紧密相关。我国是位于欧亚大陆东部的多山国家，自然环境比较复杂，山脉纵横，丘陵起伏，地形地貌的基本特征是西高东低，呈阶梯状分布，山脉定向排列，山盆相间，地貌类型多样，山区面积广，地形起伏大。

1.1.3.1　我国地形地貌的总体特征

1. 地势西高东低，呈阶梯状分布

我国地形总体上西高东低，从"世界屋脊"的青藏高原由西向东逐级下降，明显地分成三个阶梯（图 1.1）。

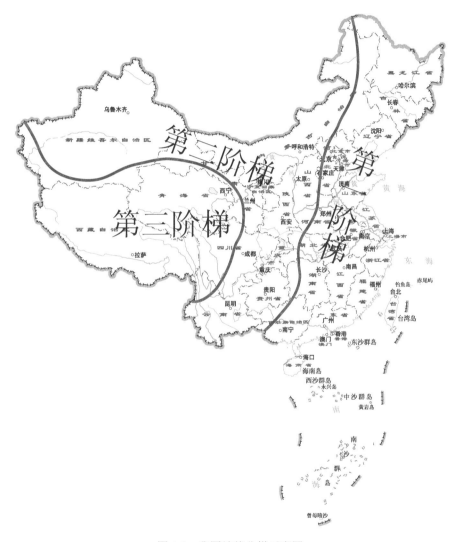

图 1.1　我国地势分梯示意图

第一阶梯为青藏高原，海拔一般为 4500～5200m，地势最高点为海拔 8844m 的珠穆朗玛峰。这一阶梯的形成是印度板块与欧亚板块碰撞所致，从 4000 万年前开始，印度板块不断北移，致使青藏高原成为世界上最高的高原。

第二阶梯位于昆仑、祁连山以北，横断山脉以东，大兴安岭、太行山、巫山、雪峰山以西的广大地区，地势急剧下降到 1000～3000m，其间有大高原和大盆地。第二阶梯形成的时代古老，有些在一亿年前的白垩纪就已形成，比较新的也有 3000 万年的历史。其经受了多次地壳运动，地壳断陷和抬升也较显著，断陷处往往形成盆地，在这一阶梯面上，高山耸立。

第三阶梯位于大兴安岭、太行山、巫山、雪峰山以东到海岸线，高度由海拔 1000m 降到几十米甚至几米。自北而南有东北平原、华北平原、长江中下游平原，辽东半岛、山东半岛和长江以南的一片广阔的低山丘陵。只有少数山岭的海拔高度可达到或超过 1000m。从海岸线向东是碧波万顷的海洋，岛屿星罗棋布，水深不足 200m 的大陆水下延伸部分为浅海大陆架区，也可以称为我国地形的第四个阶梯。第三阶梯地势低平，形成时代也较新。

我国这三大阶梯特点决定了各阶梯范围内迥然不同的环境地质特征。第一阶梯，海拔高，气候寒冷，形成多年冻土，致使环境地质条件复杂；第二阶梯，山地起伏较大，地形条件复杂；第三阶梯，地势平坦，地形条件简单，然而多为第四纪沉积，土质松软，土体条件复杂。

2. 山脉众多，起伏显著

我国多山，且排列颇有规律，大多数为东西走向和北东-南西走向，部分为北西-南东走向和南北走向（图 1.2）。东西向山脉主要有三列，最北的一列为天山-阴山-燕山；中

图 1.2　我国山脉分布图

间的一列为昆仑山-秦岭-大别山；最南一列为南岭。这三列山脉主要受纬向构造体系所控制。

北东-南西向山脉，多分布在东部，山势较低，自西而东有三列。最西一列是大兴安岭-太行山-巫山-武夷山-雪峰山，即第二阶梯和第三阶梯的分界线；中间的一列包括长白山、辽东丘陵、山东丘陵和闽浙一带的山地丘陵；最东一列则是位于海上的台湾山脉。这些山脉主要受新华夏系和华夏系构造体系控制。

北西-东向山脉多分布在西部，由北向南有阿尔泰山、祁连山和喜马拉雅山。它们主要由北西向构造体系或有关山字形构造体系所控制。

南北向山脉纵贯我国中部，主要包括贺兰山、六盘山、横断山脉。它们主要受经向构造体系和山字型构造体系控制。

以上山脉是我国地形的基本骨架，为网格状。在山脉分隔的网格中间，有高原、盆地和平原，形成山盆相间的格局。

3. 地貌类型复杂多样

无论是从成因还是形态上来看，我国地貌类型都是多种多样的。有急剧抬升的高原和山地，有强烈断陷和拱曲下降的平原和盆地，有流水作用为主的侵蚀和堆积地貌，有风力作用为主的浩瀚的沙漠，有别具特色的冰川地貌，有景致奇特的岩溶地貌，有受海水雕刻的侵蚀地貌和堆积地貌等。

我国的地貌类型按地貌形态区分可分为山地、高原、丘陵、盆地、平原五大基本类型。分布有四大高原、四大盆地、三大平原。以山地和高原的面积最广，分别占全国面积的33%和26%；其次是盆地，占19%；丘陵和平原占的比例都较少，分别为10%和12%。

2. 我国地形地貌对油气管道的威胁

《中长期油气管网规划》明确提出到2020年，全国油气管网规模达到16.9万千米，其中原油、成品油、天然气管道里程分别为3.2万千米、3.3万千米和10.4万千米，储运能力明显增强。到2025年，全国油气管网规模达到24万千米，原油、成品油、天然气管网里程分别达到3.7万千米、4万千米和16.3万千米（图1.3～图1.5）。

我国的长输油气管道分布范围十分广阔，油气管道经过区的自然地质环境复杂多变。在役管网和规划管网穿越高山、中山、低山、丘陵、河流、谷地及平原地区，管网区不仅发育大量滑坡、崩塌、泥石流、地面塌陷等不良地质现象，而且特殊岩土体（黄土、膨胀土、冻土、盐渍土、软土等）发育分布范围也较广。

山区地形条件复杂多变，且地壳表面的物质组成也很复杂，除第四系的松散地层外，成岩地层更复杂。从元古代的地层到新生代的半成岩地层有数百种，每种又可分为许多岩性组。山区的人文地理、自然生态、水文气象也较复杂。地质灾害主要分布于山区沟、河两岸陡坡地带，有少数分布在丘陵缓坡地带，并受地层岩性的控制。黄土地面塌陷受黄土性质、降水分布、黄土分布的控制。大部分地面塌陷发生在石灰岩分布区的岩溶发育带和地下采空区；滑坡发生在软岩、易滑地层分布区；膨胀土的胀缩性、冻土的冻融破坏、盐渍土的盐胀融沉以及风蚀沙埋等地质灾害对管道的正常运营均存在很大的直接或潜在的

图例
—— 既有原油管道
—— 规划原油管道
----- 规划研究原油管道

图 1.3 中长期原油主干管网规划图

图例
—— 既有成品油管道
—— 规划成品油管道
----- 规划研究成品油管道

图 1.4 中长期成品油主干管网规划图

图 1.5　中长期天然气主干管网规划图

威胁。另外地质构造对地表的破坏也十分复杂，如断层的错动和地震作用也会对管道起到很大的破坏作用。因此在进行输油气管道的建设以及运营管理时，应对管道经过区域的自然地质环境进行详细调查，按其特征进行分类，提前预防，对可能发生地质灾害的区段进行重点设计，有效避免或减少地质灾害对管道的危害。

1.2　油气管道地质灾害防治的原则

由于管道地质灾害具有突发性、不确定性、长期性及危害巨大等特征，加上管道周边或沿线地质环境差、地质构造复杂、人工活动的影响剧烈等，地质灾害要完全治理就需要大量的资金和较长周期。因此，在选择防治措施前，需详细调查地形、地质和水文条件，认真研究并确定地质灾害的规模及其发育程度，分析灾害形成的主要、次要因素及彼此的联系，并结合工程的重要程度、施工条件及其他各种因素综合考虑，具体可遵循避让和防护原则。

1.2.1　避让原则

地质灾害体的避让通常包括两种情况：一是避灾选线，即在管道建设初期就开展专门的地质灾害勘查，查清管道经过的区域是否有地质灾害发生或有潜在的灾害体存在，尤其是对那些治理难度大、治理费用高的巨型滑坡、不稳定边坡、大型危岩体、大面积的地面塌陷等灾害，应尽量采取避让的方法，使管道一劳永逸，永保安全；二是管道建成后的改线避让，一般是在管道穿越区，由于人为工程活动的扰动或断层错动等因素诱发复活的"古滑坡"或后期形成的地质灾害。对此类灾害体应进行详尽的评价论证和经济比算，若治理工程需要较大的投资或很难根治，可采用改变管道的走向或建设备用管道等方法对灾害体进行避让。

1.2.2　防护原则

对管道地质灾害的防护，一般遵循以下两个原则。

1. 主动防治

管道地质灾害最为关键的问题是尽早发现和及时治理，很多灾害在发生前一段时间或一定的区域内均有前兆，若能在灾害尚未发生或处于萌芽发育阶段时就进行及时治理，很多管道地质灾害是可以避免的。在管道选线阶段、建设期间或建成后，采取主动防治的理念，提前对管道沿线的地质灾害进行必要的治理，以达到消除或减小灾害发生可能性的目的。同时，在治理时要有前瞻性，采取综合的工程治理措施，最大限度地降低地质灾害对管道可能造成的威胁。

2. 被动防护

被动防护是对管道及其附属设施采取防护措施，消除或减轻地质灾害发生后对管道造成的影响。长输油气管道分布广阔，经常不可避免地穿越地形地质条件复杂的地区。这些地区常常会发育各类地质灾害，而且随着时间的推移，这些灾害的规模、数量、形态也在不断地发育、变化，要想将管道沿线的所有地质灾害全部彻底治理非常困难，其原因一是投资巨大，二是耗时太长，可能在前期的治理尚未完成的情况下，新的灾害又发生了。因此，对一些难以治理或难以彻底根除的地质灾害，可以采取适当的工程措施对管道及其附属设施进行被动防护，如设置套管、堆砌沙袋、建造管道防护拱、改变管道埋深等；同时在进行治理方案审查时，要充分考虑工程方案的技术可行性和经济合理性。

1.3　油气管道地质灾害监测的目的与任务

管道地质灾害监测是通过监测仪器间断或不间断地获得地质灾害体和管道不同时刻的活动状态数据，判断地质灾害体和管道的安全状态，并预测其未来一段时间的活动趋势，为下一步防治决策提供依据。相比工程治理，监测预警的实施周期短、成本低，能避免盲目实施工程造成的经济浪费。提前预警还能有效减少突发性灾害造成的管道受损破裂以及人员伤亡，基于这些特点，管道地质灾害监测预警成为风险控制中的重要手段，其应用范围十分广泛。

对于风险等级为高，需要应急抢险或采取工程治理措施的地质灾害点，可采取监测措施，跟踪掌握灾害体和管道安全状况，指导应急抢险和工程治理工作。风险等级为较高或中的地质灾害点，暂时不需要采取风险减缓措施，可采取监测措施，跟踪掌握灾害和管道安全状态和发展趋势，指导下一步风险控制工作。

对于一些复杂的地质灾害，通过监测可摸清其发育演化规律及破坏模式，为风险评价提供参考，进一步明确是否需要治理，并辅助治理工程设计，还可以进行地质灾害施工期安全监测和治理效果监测。

具体来讲，管道地质灾害监测有以下任务：

（1）监测管道地质灾害及其作用下管道的形变或活动特征及相关要素。

（2）研究管道地质灾害的地质环境、类型、特征，分析其形成机制、活动方式和诱发其变形破坏的主要因素与影响因素，评价其稳定性；研究地质灾害与管道的相互作用机制，得到其对管道的影响方式和危害程度。

（3）研究和掌握管道地质灾害活动规律、变形破坏规律及其发展趋势，以及在该种灾害作用下管道稳定性的发展趋势，为管道保护和地质灾害防治工程勘察、设计、施工提供资料。

（4）对于完成工程治理的灾害点，为检验防治工程效果提供资料。

（5）结合管道安全允许应力应变等条件，研究制定灾害的活动或变形破坏判定依据和预警阈值，以及地质灾害作用下管道的应力应变安全预警阈值，及时预测预报灾害可能发生或达到变形量阈值的时间、地点和危害程度。

监测分为巡检和专业监测两种形式，这两种形式应结合使用。巡检是由具备一定专业知识的人员到灾害现场用肉眼或结合简易手段观察灾害的活动特征，主要是宏观活动特征。专业监测则是由地质灾害专业人员实施，需使用专门设备。

对风险等级为较低及以上的管道灾害点都应进行定期巡检，并建立管道地质灾害群防体系，对于群众发现举报的灾害异常信息，应及时进行现场查证核实。专业监测是针对滑坡、崩塌、泥石流和采空区塌陷等重大管道地质灾害开展的。采用专业监测的灾害点应是风险等级处于高或较高级别的灾害点，对其他风险等级的灾害点也可以根据需要开展专业监测。

1.4　油气管道地质灾害防治、监测、评价技术和国内外现状

目前，国内外油气管道地质灾害有关研究主要集中在理论研究、防治及监测技术、地质灾害评价技术等方面。

1.4.1　油气管道地质灾害防治技术和国内外现状

1. 理论研究

地质灾害对油气管道安全运行存在巨大威胁，经过几十年的发展，目前在岩土本构、地质灾害模型及相关的施工技术方面取得重要进展。

Newmark 等（1975）最早对埋地管道进行了研究，其基本假定为忽略惯性力和管土同步运动。邓道明等（1998）将管道在滑坡体内部与外部进行了区分，滑坡体内部管道为无限长梁中的一段，考虑大变形与材料非线性，还研究了内压与温度对管道安全性的影响，导出了管道压力与位移的计算公式。张东臣（2001）分析了地滑力作用下埋地管道的受力情况，确定了受力管段应力最大点位置，研究了地滑力大小、作用力角度和受力管段长度等对管壁应力的影响。荆宏远（2007）对落石冲击载荷作用下管道的动力学响应进行了理论计算与数值模拟，确定了落石垂直冲击管道正上方的极限承载力。邓学晶（2009）采用离散元软件 3DEC 对高速下落岩体冲击地面、引起埋地管道动力响应的过程进行了数值模拟，并对影响管道安全性的主要因素进行了分析。Magura 等（2012）分别对埋地管道受轴向与横向滑坡载荷作用的附加应力进行了试验测量，并将结果与数值模拟结果进行了对比，数模中，管土的连接采用的是接触单元。Feng Yuan 等（2012）将受滑坡载荷作用下的埋地管道分成四部分进行分析，基于连续性方程与边界条件建立方程组，并给出其数值解，研究表明，质量大的管线具有更高的安全性；轴向土抵抗力的增加导致管道应变的峰值，对管线安全造成危险。史飞（2012）采用 ADINA 建立滑坡作用下的三维有限元模型，管土间的相互作用通过设置接触单元来模拟，研究了大直径埋地管道的力学性能。李华等（2012）利用 ANSYS 软件建立滑坡作用下管道的分析模型，其中管土的相互作用采用的是土弹簧。

2. 防治技术研究

管道地质灾害防治技术均是结合管道地质灾害的特点，充分利用和借鉴地质灾害领域中先进的防治技术而逐渐发展形成的。

美国幅员辽阔，是地质灾害多发的国家，十分重视地质灾害的防治。20 世纪 50 年代以前，美国的防治措施主要围绕灾害预警、灾害援助以及减灾工程展开，对灾害的防治起到了积极的推进作用，却无法从根本上提高防灾减灾的能力，往往陷入"灾害—救援重建—工程防治—灾害"的怪圈。50 年代以后，美国开始重视城市规划及土地利用政策，并作为城市防灾减灾的主要手段。2000 年美国颁布的《减灾法案》标志着美国在地质灾害防治管理理念上的突破，由"工程硬措施"向"规划软措施"的转变。美国防灾实践证明了土地利用政策的防灾减灾效果十分明显，这是国际防灾减灾发展的趋势。

美国地质调查局（United States Geological Survey，USGS）滑坡灾害研究中心成立于20 世纪 70 年代，是美国研究以滑坡、泥石流为代表的地质灾害的最高政府机构。经过几十年的发展，该中心已经成为世界一流的地灾防治研究机构。从最初成立时主要进行地质灾害调研活动，到如今的灾害预警、评估以及数据库构建的全方位工作形式，该研究中心的工作方向不断地向纵深推进。他们的主要工作目标就是构建准确的，可实时更新的，以滑坡、泥石流为代表的灾害风险图，并对即将发生的灾害进行预警。他们把工作重心放在五个方面上：滑坡、泥石流所可能发生的时间与地点；规模会是多大；运动的特点；所影响到的区域有多大；特定地点处滑坡、泥石流发生的概率。在地质灾害的防（预防）与治（治理）两个方面，USGS 把大量的资源投入到灾害发生前的预警工作中。设计一个有效的运行系统，预测地灾并发布灾害警报。基于此，USGS 与美国国家海洋和大气管理局（National Oceanic and Atmospheric Administration，NOAA）合作，共同开发了以滑坡、泥石流为主的预警系统。

英国每年投入大量资金对地面沉降进行治理。引起下沉的原因有：黏土的不均匀膨胀和压缩，采矿、地下物质溶解和变形。英国地质调查局在研究和黏土含水量有关的压缩/膨胀规律时，采用了结构物（梁、板、柱）跨越法、灌注填充法、清除填堵法、强夯法、钻孔充气法、旋喷加固法、地表与地下水控制法等治理措施，并启动了利用干涉孔径雷达技术来监测沉降的新方法。

韩国 70%的国土由山地和丘陵组成，且全年 70%的平均降雨集中在夏季，滑坡灾害相当严重。1995 年韩国政府开始引入滑坡预防系统；1998 年滑坡管理系统正式贯彻实施，并建立了滑坡数据库；从 2002 年起，滑坡实时监测系统正式运行，主要运用光纤传感器、压力传感器、测斜仪和雨量计等对各类危险边坡进行实时监控，对滑坡灾害及时采取应急措施，包括设置拦挡工程、削坡压脚等。

法国境内地形复杂，各种不同的地层加上约 700mm 的年平均降水量，容易引起各类土体位移。在阿尔卑斯山脉、比利牛斯山脉、中央高原等山区，岩石位移主要表现为崩塌、滑坡和泥石流；在巴黎盆地以及法国东部侏罗纪黏土层因受到欧洲后冰川作用的影响，形成不稳定斜坡；在南部阿让地区，沿加龙河的磨砾层因发生强烈变化，也常有滑坡现象。因此，保证交通线路的畅通，必须研究和采取措施来加固不稳定的斜坡。现在，防治这些斜坡的办法主要是排除地下水。永久性的排水系统由深至坡脚的集水井组成，其集聚了地下水。这套系统在重力作用下起到了排除深层地下水的作用，并不需要进行强迫抽水。

我国自 1959 年建成新疆克拉玛依-独山子输油管道以来，油气管道建设已经经历了 50 多年的发展历程。截至 2017 年底，我国已建油气管道约 7.5 万 km，其中原油管道 2 万 km，成品油管道 1.7 万 km，天然气管道 3.8 万 km。已初步形成了"北油南运""西油东进""西气东输""海气登陆"的油气输送格局。由于我国复杂的地形地貌条件，长输油气管道工程沿线山高谷深、沟壑纵横，地质灾害发育，沿线地质灾害主要有滑坡、崩塌、泥石流、不稳定斜坡等类型。经过近 60 年的发展，我国油气管道地质灾害防治技术快速发展，对各种管道沿线地质灾害的治理形成了较为成熟的技术与方法。如对于滑坡采用挡土墙、抗滑桩、削坡护坡的防治措施；对崩塌采用坡面喷浆、灌注水泥、挂金属网等防治措施；对管道沿线的泥石流灾害主要采取河沟的修整、河床的加固、河岸的防护、斜坡后缘排水、拦沙坝、植树种草，恢复植被等防治措施；对不稳定斜坡主要采用挡土墙、抗滑桩、削坡护坡等防治措施。

油气管道的地质灾害治理需严格从实际角度出发，充分结合工程要求及具体状况，在设计计划当中融入灾害治理基本任务，和生态环保、环境治理及管道工程建设紧密结合，确保生态、社会与经济相和谐、统一。在此基础上，还需对灾害特征进行考虑，在有效保障设备安全与人员安全的前提下，实现经济性与技术可行性目标。

根据油气管道工程范围内地质灾害各项特征，结合相关技术要求，第一步将线路微调作为基础，采取避绕措施，确立管道工程和地质灾害体之间的关系，严格遵循以防为主与防治结合的基本原则开展日常工作。其中，"防"是指以预防为核心，以避让为上策；"治"是指充分结合避绕措施，确保安全即可。

我国油气管道地质灾害的防治工作已初具成效。不过因为这类灾害具有多样性，并且产生的不利影响较大，损害性较强，加之人为工程活动日益剧烈，致使情况更加恶化。所以在油气管道地质灾害的防治中，一定要强化有效的管理工作，并采用合理的管理办法，进而缩小这类灾害的损伤，保护人民生命及财产安全，从而推动经济的健康有效发展。管道地质灾害的广泛性、突发性强、危害严重的特点，决定了管道地质灾害防治管理工程需要较大的经济投入。因此，防治管理工程的规划、勘察设计及施工都应实现科学性、可操作性、最小风险与最大效益的有机结合，并且要依据导致地质灾害的根本原因来确定实际有效的防治措施。

目前，我国管道地质灾害治理工程具有如下特点：①坚持避让优先，尽量避让"重大"，治理"轻小"；②除了要对地质灾害进行治理，还需考虑会对管道工程安全造成影响的其他因素；③从对管道危害最小的位置通过；④减少或避免对地质灾害体造成扰动；⑤永久性根治已知灾害，避免留下后患。

对于不同的地质灾害类型，治理工程设计侧重点有所不同。

（1）滑坡灾害：通过线路优化实现避让，若无法进行避让，则需从滑体厚度相对较薄的位置通过，如滑坡后缘，以此降低工程量并符合安全需求。管道上坡段或下坡段因遇滑坡而无法规避时，应沿纵向使管道正穿滑坡，以此减少扰动。

（2）泥石流灾害：管道不得在泥石流沟内通过，若无法避绕，则需从泥石流洪积扇沟口或洪积扇前沿通过，切勿从堆积区中部穿越，同时增大管道的实际埋深。对穿越小规模泥石流沟的管道，应在基岩中埋设管道。

（3）崩塌灾害：管道线路必须躲避易崩塌的松散堆积体，如果无法躲避，则要从堆积体前沿有一定拦挡条件的相对平缓区通过。

1.4.2　油气管道地质灾害监测技术国内外现状

在 20 世纪 60 年代之前，国外对于管道地质灾害的研究仅仅局限于预测与灾害机理研究，重点研究方向是分析灾害活动过程以及灾害形成原因。70 年代之后，随着管道地质灾害次数的增加以及带来的损失突增，对于地质灾害的研究领域深入到灾害评估以及重点性灾害类型比如泥石流、崩塌和地震灾害的危险区划分研究。W. I. Garrison 学者在 1965 年提出了地理信息系统（geographic information system，GIS）。这个具有里程碑意义的地理信息系统在 20 世纪 80～90 年代被广泛应用于包括地质灾害在内的多层次的地理研究领域中。地理学家 Finney Micheal 在分析美国滑坡灾害中就应用到地理信息系统。Mario 等运用地理信息技术进行分级评估地质灾害，划分地质灾害区域。Daniel 将工程模型与地理信息技术相结合深层次评估滑坡灾害。而随后，C. PeterKeller 和 Trevor J. Davis 基于地理信息系统开展了可视化技术的虚拟再现滑坡形态。

后来，高精度的遥感技术出现，在地质灾害的预测和评价方面得到广泛应用。差分干涉技术、干涉雷达技术等都在管道地质灾害的研究中广泛使用。如今正在运行的很多雷达卫星，位移监测可以达到毫米量级。

目前，模型的建立以及计算机的实现是国外管道地质灾害研究的重点。例如，地质灾害的监控对"3S"技术的应用。另外，利用遥感技术、地理信息系统、全球定位系统以及计算机网络技术的 DDRS（digital date recording system，数字数据记录系统），用物理模型与数学模型来进行仿真，模拟地质灾害发生的完整过程。

美国利用现代有效的先进技术进行管理，在美国地方政府实施综合性规划的过程中已成为一种有效的投入，使用现代技术确保政策实施的一致性和合理性。例如滑坡灾害受控于几种因素，而这几种因素是动态并经常发生变化的，以 GIS 的一个层作为工具，对滑坡灾害的控制因素是理想并且合理的。美国地方政府已将 GIS 应用到油气管道滑坡地质灾害监测与防治的各个方面。GIS 的另外一个优点是可以在整合其他比例尺的图件和数据时生成。例如，区域范围内特殊项目的联邦政府滑坡图，可以在某种条件下融入地方规划文件中去。同样，一些州政府可以将滑坡图件提供给所属各县。处理各种不同来源的图件是 GIS 的另一项功能，可利用不同资料建立滑坡灾害 GIS 层，并将这些 GIS 层纳入常规的规划分析、分区制和小块土地审查中，亦可建立为灾后恢复项目进行的地方灾前缓解计划。

同时，随着监测技术的进一步发展，全球定位技术（global positioning system，GPS）、遥感技术等在油气管道地质灾害监测领域中发挥了重要作用。

从现状来看，国外油气管道地质灾害研究具有以下明显的特点。一方面，对地质灾害的研究将深入灵活运用现代科技手段，从更广和更深的角度出发，去研究地质灾害的成因机理、特征、分类以及防治等相关问题。另一方面，"3S"技术等现代技术将被广泛应用到对中小流域的地质灾害的区域评价中。并且朝着准确估测灾害等级、弄清时空分布的目标努力，以期提前预警，减少地质灾害给人民群众带来的危害。此外，国外将会比以往更加注重研究地区的地质地貌特征，据此建立地区的区域性地质灾害的预警系统，从而防患于未然。

我国的地质灾害监测主要为监测地质灾害时空域演变信息、诱发因素等，以获取连续的空间变形数据。应用于地质灾害的稳定性评价、预测预报和防治工程效果评估。地质灾害监测是集地质灾害形成机理、监测仪器、时空技术和预测预报技术为一体的综合技术。当前地质灾害的监测技术方法研究与应用多是围绕崩塌、滑坡、泥石流等突发性地质灾害进行的。按照监测对象的不同，常见的监测技术主要有山体滑坡及崩塌监测技术、泥石流监测技术、地面沉降监测技术、地面裂缝监测技术等。

（1）山体滑坡以及崩塌监测技术。山体的滑坡和崩塌，在管道地质灾害中是最为常见的现象，其危害也很大，因此是目前地质灾害的监测工作中的重点对象。针对山体滑坡和崩塌，主要观测有水的动态观测和地表位移动态观测。涉及的方法较多也较为灵活，例如，地表的位移动态观测时，可根据不同的地理地貌选择使用较为简易或精密的观测方法。简易的方法即仅使用木桩等在裂缝的两侧进行直接测量位移的动态变化。精密方法涉及使用较为专业的设备，例如构建观测网，利用经纬仪和水平仪对平面以及高程的位移变化进行精确测量。除地表的位移动态观测，也有对其深部进行位移观测，技术方法包括测斜仪法、同位素标记法、金属球法等。

（2）泥石流监测技术。目前泥石流的监测技术的发展还处于较为年轻的阶段，所采用的监测技术大多是基于降水量的统计，结合该区域内的历史灾害和地貌特征以及地质植被等来确定发生泥石流的临界降水量。不同的研究情况下，有不同的临界降水量指标，包括有日临界降水值、小时临界降水值、10min 临界降水值等。临界降水量指标的准确值很难确定，目前配合的降水预报系统准确度也不高，因而，不准确的降水预报加上不准确的临界降水量指标，对泥石流的预报很难达到可信的程度。为了改进这一情况，只能使用模糊的临界降水量，同时结合其他的相关因素来确定发生泥石流的概率等级。此外，目前还有结合雷达技术等遥感技术的方法获取降水的信息，来加强泥石流预报的准确性。

（3）地面沉降监测技术。在地下水过量抽取时，易诱发地面沉降。地面沉降的危害是巨大的，是长期不可逆转的，属于永久性的危害，同时，地面沉降也具有区域性。在我国，已发现 50 多座大中型城市有地面沉降出现，占到我国城市总数的 25%以上。其中，80%都分布在沿海地区，较为严重的地区有上海、苏州、宁波、天津等，呼和浩特以及大同等内陆地区盆地沉降问题也较为明显。根据不同的土质条件，将地面沉降归为三大类：①由于有机土疏干引发的地面沉降；②由于含水层压实诱发的地面沉降；③由于洞穴塌陷导致的地面沉降。目前，对于地面沉降的监测手段主要是地下水水位动态监测、土体应力应变研究系统、GPS 全球定位系统、标记物测量、大地测量法、钻孔伸长计法等。

（4）地面裂缝监测技术。地面裂缝的出现，多是由于自然或人力因素导致地表岩土体发生开裂，并在地面形成具有一定长度或宽度的裂缝。当这类情况出现在人类活动区域时，便会带来生活的不便和威胁。导致地裂缝出现的因素很多，主要包括地壳本身的运动、水的流动以及人类的活动。现阶段对地裂缝的监测方法主要包括：①针对地形地质较为复杂的山区，利用音频大地电场仪对地裂缝的深度和延伸程度进行勘察。②通过观察地面裂缝两侧定点的位移变化进行监测。③浅层高分辨率的纵波反射法。通过监测数据，掌握地裂缝的变化情况和发展趋势，然后采取相应的处理措施，减少灾害。

光学、电学、信息学、计算机技术和通信技术发展的同时，给地质灾害监测仪器的研究开发带来勃勃生机。能够监测的信息种类和监测手段越来越丰富，某些监测方法的监测精度、采集信息的直观性和操作简便性有所提高；充分利用现代通信技术提高远距离监测数据信息传输的速度、准确性、安全性和自动化程度；提高科技含量，降低成本，为地质灾害的经济型监测打下基础。

（1）监测预报信息的公众化和政府化：随着互联网技术的发展普及，以及国家政府的地质灾害管理职能的加强，灾害信息将通过互联网进行实时发布。公众可通过互联网了解地质灾害信息，学习地质灾害的防灾减灾知识；各级政府职能部门可通过互联网发布的灾害信息了解灾情的发展，及时做出决策。

（2）调查与监测技术方法的融合：随着计算机技术的高速发展，地球物理勘探方法的数据采集、信号处理和资料处理能力大幅度提高，可以实现高分辨率、高采样技术的应用。

地球物理技术将向二维、三维采集系统发展。通过加大测试频次，实现时间序列的地质灾害监测。

（3）智能传感器的发展：集多种功能于一体的、低造价的地质灾害监测智能传感技术的研究与开发，将逐渐改变传统的点线式空间布设模式；由于可以采用网点布设模式，且每个单元均可以采集多种信息，最终可以实现近似连续的三维地质灾害信息采集。

（4）建立完善监测数据资料库：随着计算机网络等技术的不断发展，我国已经加大了在国家和省级建立地质灾害数据库以及网络信息服务的力度。目前，在上海和三峡库区地质灾害监测网络数据库已经相当成熟，但仍需进一步完善全国范围内的网络化数据库。

1.4.3　国内外管道地质灾害评价技术现状

目前，管道地质灾害评价技术研究较深入的国家有美国、加拿大、英国。跨国公司逐渐使用地质灾害风险管理的方法对地质灾害进行综合防治。意大利米兰全国天然气管理公司在 40 多年前建立了油气管道地质灾害检测网及评价系统，对危险状态提前预警，并较早开展了灾害体对管道的作用效应试验；加拿大贯山管道公司开发了地质灾害数据库管理程序，用于管道运营者的决策。20 世纪 80 年代末 90 年代初，NOVA 输气公司开展了一系列研究项目，以评价和确定管道-土体相互作用系数的大小及变化；加拿大 ACE 管道公司 1999 年开发了基于概率的决策树模型（probability decision-tree model，PDM），对滑坡灾害进行风险评价。该模型在滑坡体和管道的变形监测、相互作用模拟的基础上，提出了滑坡灾害的防治决策方案，并分析了"失效和减灾的耦合成本"。

加拿大 BGC（Brazilian Gold Corporation）公司于 1995 年开发了管道自然灾害风险管理（nature hazard risk management，NHRM）系统，并利用该系统对北美 21000km 的管道进行了地质灾害风险管理。2002 年，BGC 公司与著名的管道风险管理专家 Kent Muhlbauer 合作，对 NHRM 进行了升级，更名为管道地质灾害风险管理（geo-hazard risk management，GRM）系统。该系统采用半定量的风险评价方法，可对地面移动、水毁灾害进行风险评价。自 2002 年以来，GRM 系统对超过 10000km 的长输管道沿线的 3000 个水毁灾害点和 700 个地质灾害点进行了风险管理。代表性的管道有加拿大贯山 TMPL 管道、Alliance 管道、Transredes 管道和南美的 Concentrae 管道、Nor Andino 管道、Andean 管道以及欧洲的 Erskine 管道。目前，该公司在长输管道地质灾害风险管理的研究与应用居世界领先水平。

油气管道地质灾害风险评价主要采用两种评价模型，即 W. Ken Muhlbauer 开发的定性管道风险管理模型和地质灾害风险评价通用模型。

Kent 模型是基于专家评分的定性评价模型，只能进行定性评价。

BGC 公司采用了通用模型，它是地质灾害行业通用的主流评价模型，称为定量模型，也可以进行半定量评价。模型将地质灾害风险评价分为地质灾害易发性评价、管道易损性评价和后果损失评价三部分，用以下关系表示：

$$R = P(H) \cdot P(V) \cdot E \tag{1.1}$$

式中，R——管道地质灾害的风险，指滑坡、崩塌等管道地质灾害造成的损失大小；

$P(H)$——滑坡和崩塌灾害的易发性，指滑坡、崩塌灾害发生失稳变形的可能性；

P(V)——管道的易损性，这里指管道在滑坡、崩塌灾害作用下发生强度破坏或失稳的容易程度；

E——管道失效后的损失。

在滑坡和崩塌灾害易发性研究方面，主要是针对区域灾害进行的，以定性或半定量的方法为主，如指数评价法、人工神经网络模型、信息量法、信息权法、模糊综合评判法、多元统计法、敏感因子法等。

对于灾害单体的易发性研究多采用定量方法，通过对定量评价中应用参数的范围、敏感度、随机性进行分析，得到灾害定量的失稳概率及可靠度，主要方法有一次二阶矩法、一次可靠性方法和蒙特卡罗法等。但这些方法都是建立在对灾害进行详细勘查的基础之上，仅靠野外调查获取的资料是难以完成的。定性分析方法有历史分析法和自然类比法，这两种方法只能对灾害点的稳定性做出初步判断。

在管道灾害易损性研究方面，国外开展了一些研究工作，其研究思路是建立简化的管道-地质模型，结合监测数据，用解析法或有限元法进行计算分析，如意大利 SNAM 公司结合实例用数值模拟方法对慢速运动滑坡影响下的管道进行了研究，并与监测结果进行对比验证。苏联巴拉达夫金和贝卡夫建立简化模型对滑坡推力垂直（与管道轴线方向）和平行两种特定作用状态下的管道进行了研究。

国内尚没有建立完整的管道地质灾害风险管理系统，但也开展了地质灾害危险性评价方面的工作，如中石油天然气与管道分公司组织管道研究中心等单位开展了科研攻关，包括 2000 年忠武管道建设期间的地质灾害评价；2002 年针对马惠宁管道开展的"黄土地区长输管道水毁灾害与水工防护研究"；2005 年兰成渝在役输油管道的地质灾害区域评价，形成了管道区域地质灾害易发性评价方法体系。

2006 年西气东输公司管道联合西南石油大学，对西气东输管道面临的水毁灾害、湿陷性黄土灾害、采空塌陷灾害、泥石流灾害等 9 种灾害的危害特征、致灾机理、影响因素进行研究，基于 Kent 模型建立了管道环境及地质灾害风险评价模型与指标体系，并开发了西气东输管道环境地质灾害风险评估系统软件。北京华油天然气有限公司对陕京二线输气管道工程山西境内沿线地质灾害点进行了调查识别，对工程施工和运营过程中可能诱发或加剧崩塌、滑坡、泥石流、洪水冲蚀、黄土湿陷等地质灾害的特点、发展演化的过程和阶段以及制约因素进行了危险性预测评估。国内针对地震、活断层方面进行了一些研究，也有学者对滑坡、塌陷作用下的管道进行了研究，将苏联巴拉达夫金等人的研究成果扩展到推力斜交作用时的情况。而对于管道地质灾害后果评价，目前研究得不多，多数还是沿用 Kent 提出的定性评价方法。

2007 年起中国石油管道研究中心开展了管道地质灾害风险评价技术研究，建立了管道地质灾害风险评价模型。开发了滑坡（包括黏土滑坡、碎石土滑坡、岩体滑坡和黄土滑坡）、崩塌、泥石流、采空塌陷区、水毁（包括坡面水毁、河沟道水毁、台田地水毁）、黄土塌陷等 6 类 11 种常见管道地质灾害的风险评价半定量评价技术，并开发了基于蒙特卡罗法的崩塌滑坡灾害发生概率计算方法和滑坡崩塌灾害作用下管道易损性经验计算公式。风险半定量评价方法已经写入 2008 年 12 月公布实施的天然气与管道分公司管道完整性体系文件之管道地质灾害风险管理程序文件及作业指导书。为配合管道地质灾害风险管理体系的推行，中石油管道研究中心开发了单机版软件《管道地质灾害风险评价软件》，能实现管道地质灾害信息的管理和常见管道地质灾害风险半定量评价，该软件于 2009 年 3 月在天然气与管道分公司推广应用。2009 年 12 月中石油管道研究中心进一步开发了基于 BIS 结构的管道地质灾害风险管理系统（pipeline geology risk management system，PGRMS），该系统可以作为各油气管道管理单位开展管道地质灾害风险管理工作的信息平台、管理平台和技术平台。PGRMS 包括三个部分：专家管理、用户管理和主系统。专家管理模块可对管道地质灾害专家的信息进行维护。用户管理是对用户的注册、信息、数据权限、功能权限进行管理，并可制定主系统的菜单界面。主系统的功能包括模型维护、信息管理、风险分析、风险控制、统计分析和工作提示，还包括密码修改、帮助等辅助功能。PGRMS 能完成以下工作：①对系统进行维护更新，包括数据项维护和评价模型维护；②对海量地质灾害数据进行管理、统计分析；③快速完成大量地质灾害的风险半定量评价、风险分级工作；④对灾害点进行整治规划，并对灾害点的风险控制过程进行跟踪管理；⑤根据风险管理程序发布工作提示，各用户之间亦可以发布工作提示。

1.5　未来油气管道地质灾害风险管理的发展趋势

1. 建立油气管道地质灾害信息数据库

管道沿线地质灾害信息是进行管道地质灾害风险评价的基础，评价的数学模型、指标体系以及结果的精确性都取决于原始数据的完整性和真实可靠性。因此，必须根据风险评价的技术要求建立管道沿线地质灾害信息数据库。由中国石油管道公司牵头组织，各输油气分公司组织专业队伍对所辖管道沿线的地质灾害点的种类、数量、分布特征、发育规模、初期评价结果和防治建议、历史失效数据及工程治理案例等信息进行统计归类，并按要求录入各自的子级数据库，搭建实时、动态、高效的管道地质灾害信息管理平台，实现对所有管道生命周期的地质灾害数据进行存储、管理。

2. 发展油气管道地质灾害定量风险评价技术

定量风险评价技术是一种严密、精确的评价方法，它最大限度地为管道的运营管理者提供风险的量化评价结果。定量风险评价技术是在大量的数据积累和实测的基础上，建立数学模型进行分析求解的。因此，要进行我国管道地质灾害定量风险评价技术的研究，首先必须大量采集长输油气管道的历史运行数据和事故统计资料，确定影响管道安全运行的各种随机因素的概率模型，对难点问题设立专题进行研究；其次，要加快风险评价技术在我国管道的推广应用，根据实际应用的结果不断修正评价方法和模型，随着研究成果的逐渐积累和不断完善，最终形成管道地质灾害定量风险评价技术，从而大大提高评价结果的准确性。

3. 形成风险评价技术与评价标准

总结当前已有管道地质灾害风险评价技术，建立管道地质灾害风险评价标准。地质灾害包括滑坡、崩塌、泥石流、水毁、地面塌陷、特殊类岩土灾害。建立所有灾害的统一风险分级标准，实现不同灾害的横向对比、管理。

目前，国际上通用的管道风险评价方法是专家评分指标体系法，美国、加拿大等风险评价研究开展较早的国家根据此方法的基本原理制定了各自的风险评价技术标准，以指导本国的管道风险评价工作。

由于我国油气管道系统的输送介质、沿线地质环境状况、设备和管理水平等都与国外有很大区别，在借鉴国外成熟的评价技术方法和标准的同时，应根据我国管道的基本情况，尽早编制出油气管道地质灾害风险评价的行业技术标准，用以指导我国管道风险评价的技术开发和应用实践，确保评价结果具有可信度和可比性。

4. 实现全程、动态的管道地质灾害风险管理

在风险评价研究的基础上，尽快将研究成果用于指导管道的安全维护工作，实现评价研究到风险管理的跨越。同时，由于长输管道在实际运行中的运行参数、承受荷载、维修活动、环境条件和人为影响等因素是经常发生变化的，会使管道的风险状况发生变化。因此，采用指标体系法计算得出的相对风险值是一个动态指标。它不仅随评价对象的改变而改变，还随着时间的变化而变化。为了能够准确及时地了解一条管道的实时风险水平，应根据管道状况的变化情况，周期性地开展风险评价工作，为运行管理提供科学的决策依据。

第2章　油气管道地质灾害的调查、巡查、识别与评价

油气管道地质灾害的调查与巡查是灾害管理、防治的基础工作和前提。灾害调查既有历史灾害调查、现状调查和预测调查，也有灾前和灾后调查之分。根据调查任务和目的的不同，正确掌握简便适用的调查方法，可以满足不同层次（包括隐患点排查、定点详查、日常巡查、定期检查及应急救灾等）的工作需要，且经济有效。

2.1　油气管道地质灾害的调查

通过对油气管道沿线已发地质灾害或迹象的调查，提取灾害的主要影响因素、发展过程，可为分析该地区油气管道地质灾害成灾的原因、机理、特点提供可靠的依据；通过对各种资料的分析归纳整理，结合现场地质灾害体发育特征的调查，可以了解各地区、各区段的灾害成因及形态，及时了解最新的灾害动态，最终实现地质灾害的有效管理。油气管道地质灾害调查主要包括基础资料收集、地质灾害隐患点排查及灾后的详查三方面内容。

2.1.1　基础资料收集

油气管道地质灾害基础资料收集可为地质灾害隐患点排查、成灾机理分析、灾害分级评价制定有效防灾措施及养护管理决策提供可靠依据，其方法包括查阅已有的历史灾害记录、现场实地调查，或者通过其他各项信息渠道得到相关资料等。

基础资料的收集主要包括以下内容：

（1）工程地质条件。需要收集的工程地质基础资料，主要包括管道沿线的岩土类型、地形地貌（如地形特征、地貌类型等）、区域地质（如地层、地质构造等）、地下水、地震，以及特殊地质、不良地质条件等。对于一些特殊地段还需做岩、土体性质调查，了解岩土体的吸水性、透水性、遇水软化程度、强度等。

（2）气象水文条件。主要包括当地气象资料、流域降水量、汛期分布、平均气温、河流水系等。

（3）流域植被条件。主要包括植被类型、分布规律及覆盖率等。

（4）灾害区域特征。主要包括历史地质灾害资料及其规律性，灾害的类型、时空分布、强度等级等。

（5）人类工程活动。主要为各级规划的各类人类工程活动，包括公路、铁路、房建等大型规划。

2.1.2 地质灾害隐患点排查

对油气管道地质灾害或潜在灾害路段进行实地排查,所得的资料、数据序列可以为未来易发生地质灾害路段区灾害发生的临界条件、成因机理、可能损毁等级以及隐患点位置、形态规模的预测评价提供基础信息。通过对资料进行统计分析、对比研究、明确灾害分布密度灾害规模和灾害频率,为有针对性地进行日常巡查、灾后调查及灾害分级评价提供依据。其排查主要内容包括以下几点。

(1)油气管道及其防护工程。主要包括:上部覆土,压实度,围岩、土体变形形式,以及防护工程、排水设施的类型、尺寸,砌筑材料强度、数量(规模)、布置位置、工程运行现状,防护工程基础埋深及其布设的经济性、完善性、合理性等。

(2)灾害基本特征。主要包括:灾害所处边坡的坡度、坡高、坡形以及所在沟谷的地形、长度、比降,岩土类型,岩石风化程度,节理裂隙发育情况,地下水出露情况,以及灾害发生的迹象和发展阶段等。

(3)灾害发生的自然和社会环境。主要包括:所处地区的地形地貌,降水量,地震烈度,灾害体与线路的关系,附近相关的工程活动,地质灾害发生可能造成的环境、社会影响。

(4)人类工程经济活动。主要包括:山区修路,自建民房,矿山开采等基础设施建设,土方开挖破坏土体稳定性,基础开挖过深、边坡过陡,不合理的施工工艺和工序等对管道的影响及危害。

(5)油气管道地质灾害资料的记录。记录重点是单点灾害发生的时间、类型、范围、频率,以及灾害造成的破坏,尤其是管道结构物的各种破坏等。记录的内容包括:灾害段的基础信息(管道起止点及里程),灾害基础数据(原因、位置、规模、路段长度、土方量)和地质环境条件,地质灾害发生的历史、损失明细和整治状况,采取的应急措施和后期的治理方式。

在调查过程中,由各级调查人员填写"油气管道地质灾害排查表",编制排查报告,实现灾害过程跟踪和科学处置。

2.1.3 油气管道地质灾害详查

管道地质灾害会对管道工程结构物造成不同程度的损毁、破坏。如果地质体的运移尚未停止,其造成的破坏可能继续发展、扩大,则称该破坏状态为险情。若破坏过程已经结束或得到了有效的控制,则称该破坏后果为灾情。因此,管道地质灾害的险情调查属于灾中调查,灾情调查属于灾后调查。

详细调查前应取得下列资料:

(1)附有线路走向的地形图。

(2)管道口径、压力、敷设方式及埋设深度等。

(3)线路选线时可行性研究勘察报告和初步勘察报告等资料。

（4）补充收集有关沿线的区域地质、工程地质、水文地质等资料。

油气管道地质灾害应详查如下内容：

（1）查明地形、地貌的形态特征及其与地层、构造、不良地质作用的关系，划分地貌单元。

（2）岩土体的年代、成因、性质、厚度和分布，对岩层应鉴定其风化程度，对土层应区分新旧沉积土和各种特殊性土体。

（3）调查地下水的埋藏条件，并调查有无砂土及粉土液化的可能性及其分布范围。

（4）调查影响管道安全运营的滑坡、崩塌、岩溶、泥石流、水毁等地质灾害的发育程度和特征。

（5）着重调查地质灾害可能的破坏机理及可能造成的最大损失，并及时提出有效的应急处理措施，指定灾点安全负责人，对灾害点实行变形监测。

2.2　油气管道地质灾害巡查

严格落实防治责任人和监测人员，坚持"以预防为主，避让与治理相结合"的原则，积极加强对地质灾害的防治和监测，确保广大群众生命财产安全。油气管道地质灾害巡查是非常有必要的。

2.2.1　巡查监测制度

巡查监测制度的主要内容是监测员对地质灾害隐患点的日常巡查和有关部门的"三查"：即汛前排查、汛期巡查、汛后复查。监测员按照确定的简易监测方法、监测频次做好监测数据记录和报送等。一旦出现前兆或险情，要立即上报，并及时组织受威胁区域人员向安全区域转移。

2.2.2　日常巡查

日常巡查是指为了掌握油气管道状况和日常运营状况而进行的巡视，由各油气管道养护管理站负责，主要是针对各区段内地质灾害排查已确定的隐患点进行定期巡查。

（1）巡查方式：结合日常养护作业，以步行巡查为主，车行与步行结合。采用目测观察、人工计量及仪器测量，定性与定量相结合，重要情况应予以摄影或摄像。

（2）巡查内容：对管养范围的管道沿线、覆土、防护结构、路堑边坡等结构设施的完好程度和运行状况进行巡视，巡视重点是高陡边坡、横穿河道、临近城镇村庄、灾害隐患和危险地段。

（3）巡查频率：原则上每周三次，汛期在雨雪天气等特殊时段应加大巡查频率。

参照相关技术要求，日常巡查主要包括：

（1）对地质灾害险情巡查要做好详细、准确的记录，并做好地质灾害险情巡查台账。加强已设警示牌管理，以提醒过往行人、车辆及当地居民活动注意安全。

（2）对巡查中发现新的地质灾害隐患点，及时上报并纳入监测范围，按要求明确监测、预防责任，确定监测预防责任人，制定防灾、避灾方案，编制应急预案。

（3）巡查中发现险情，应立即向有关负责人报告。同时采取应急防治措施，设置警示标示，组织人员撤离，尽最大努力避免和减轻地质灾害造成的损失。

日常巡查方法，一般采取对隐患点灾害体变形过程的前兆特征［地声、泉水变浑、泉水干涸、裂缝扩张、醉汉林（图 2.1）、马刀树等的出现（图 2.2）］和监测宏观地面变形（如埋桩法、埋钉法、上漆法等）相结合的方法进行。

图 2.1　醉汉林

图 2.2　马刀树

2.2.3　汛前排查

汛前主要指 1~4 月雨季来临之前的一段时间。根据各地区地质灾害调查与区划及上一年度油气管道地质灾害的发育和预防情况，组织开展油气管道地质灾害汛前排查工作，确定当年全区重点防范的地质灾害隐患点,明确和落实地质灾害防治责任,为确保油气管道安全运营提供保障。汛前排查的主要内容包括以下几点。

(1) 检查已发现地质灾害点防灾预案落实情况,注意地质灾害易发区的险情隐患。

(2) 对出现地质灾害前兆,可能造成管道损坏的区域和地段,各管道养护站应当及时划定地质灾害危险区,在地质灾害危险区的边界设置明显的警示标志。

(3) 排查灾种主要包括对管道安全造成威胁的崩塌、滑坡、泥石流、水毁、地面塌陷等突发性地质灾害。

(4) 排查结束后,应及时编制地质灾害排查报告,报告内容主要以表格的形式来表述,并将报告主要内容上报上级相关部门或单位。

2.2.4　汛期巡查

汛期主要指 5～10 月中旬强降雨时期,建立和落实 24 小时值班制度,严格执行速报制度,根据年度地质灾害排查所确定重点防范的地质灾害隐患点,加强监测和灾害发生前巡回检查,发现险情及时处理和报告。

各管道养护站应加强所属区域内管道地质灾害的汛期巡查。重点检查责任制落实,宣传培训到位,各项防灾措施部署,监测人员在岗等情况。检查结束后,应及时编制地质灾害汛期检查报告,并将报告内容根据需要上报上级相关部门或单位。

2.2.5　汛后复查

汛后复查主要指 10 中旬到 12 月份降雨减少的阶段,应组织开展区内沿线油气管道地质灾害隐患点变化情况进行复查。搜集、询问隐患点的发展变化情况,并赴现场实地调查。

(1) 全面复查。各区段油气管道养护站应当在汛期结束后,对年度地质灾害防治方案、地质灾害隐患点(区段)防灾预案执行情况,以及地质灾害隐患点(区段)的状况等进行一次全面复查。

(2) 编制复查报告。核查结束后,应及时编制地质灾害复查报告,并将报告内容根据需要上报上级相关部门或单位。

2.3　油气管道地质灾害的识别

管道地质灾害的识别是管道地质灾害风险管理的重要一步。其目的是识别已有迹象的地质灾害点或根据地形地貌、工程地质、水文地质判断潜在的管道地质灾害点,并采集与风险有关的信息,为下一步风险评价提供数据分析。管道地质灾害种类繁多,下面对最为常见的几种地质灾害(滑坡、崩塌、泥石流、水毁)的识别进行简要论述。

2.3.1　滑坡的识别

滑坡是指在一定的地形地质条件下,由于各种自然的、人为的因素影响破坏了岩土体的力学平衡,使斜坡上的岩土体在重力或动力的作用下,沿某一软弱面或软弱带向下滑动的不良地质现象，俗称地滑、垮山等。由滑坡造成的灾害，包括人员伤亡、财产损失、工程构筑物和生态环境的破坏，以及资源损失等，称为滑坡灾害。

1. 滑坡的组成要素

一个典型滑坡由滑坡体、滑动面、滑坡床、滑坡后壁、滑坡周界、滑坡台坎、滑坡洼地、后缘拉裂缝、剪切裂缝、鼓胀裂缝等要素组成（图2.3）。

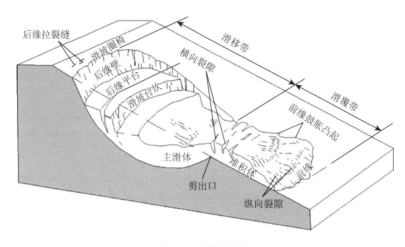

图 2.3　滑坡要素图

（1）滑坡体。指滑动面以上产生移动的那部分岩土体，简称为滑体。

（2）滑动面。滑坡体沿其滑动的面。有的滑动面平整、光滑，称之为滑动镜面或滑坡镜面；有时滑面还显示出相对滑动的擦痕和擦沟，按照擦痕和擦沟的方向可以判断滑坡体的滑动方向。有时滑坡无典型的滑动面，而是在滑体与滑床之间有一层经剪切作用而扰动的带，称之为滑动带（滑带）。

（3）剪出口。滑动面前端与原坡面（地表）的交线称为滑动面剪出口。

（4）滑坡床（滑床）。指滑动面以下的稳定岩、土体。

（5）滑坡后壁。由于滑坡体向下滑动，在滑坡体后缘一带露出的外围不动岩土体称为滑动后壁。露头高度数厘米到上百米不等，呈陡壁状，坡度大多为60°～80°。

（6）滑坡洼地。由于滑体的高程下降和水平方向的位移，在滑坡体与滑坡后壁之间被拉开或有一次一级的块体沉陷而成为封闭洼地。大型或巨型滑坡洼地在滑动方向下的宽度可达数十米，甚至上百米。在滑坡洼地，由于地下水沿滑坡裂缝上升而不断积水，形成沼泽地，甚至积水成湖，称为滑坡湖。

（7）滑坡台地。滑坡体滑动后，滑坡体表面坡度变缓呈台地状，称为滑坡台地。

（8）滑坡台坎。由于滑动速度的差异，滑坡体在滑动方向上常解体为几段，每段滑坡块体的前缘都形成一级台坎，称为滑坡台坎。

（9）滑坡前部。滑坡舌：滑坡体前端凸出呈舌状的形态。滑坡趾：当滑坡体从坡脚外或坡体前面的平坦地面上剪出，且滑动距离不大时，滑坡体前端的隆起地形称为滑坡趾。滑坡鼓丘：位于滑动体前部由滑体受阻挤压隆起而成的，该处常见鼓胀裂缝。

（10）滑坡顶点。滑坡主轴通过滑坡后壁上缘的交点。多数情况下是滑坡后壁的最高点。

（11）滑垫面。指滑坡体滑出剪出口后继续滑动和停积的原始地面，它对滑坡体的运动特征有着直接的影响。

（12）滑坡侧壁。滑体下滑后两侧暴露出的陡壁。

（13）滑坡周界。滑坡床与地面的交线称为滑坡周界，由滑坡后缘、两侧缘和前缘剪出口组成。

（14）主滑方向。滑动体主要部分或滑动体中间条带向前滑移所指的方向为主滑方向。

2. 发生滑坡前的预兆现象

不同类型、不同性质、不同特点的滑坡，在滑动之前均会表现出各种不同的异常现象，显示出滑动的预兆。归纳起来常见的有以下几种。

（1）大滑动之前，在滑坡前绕坡脚处，有堵塞多年的泉水复活现象，或者出现泉水（水井）突然干枯、井（钻孔）水位突变等类似的异常现象。

（2）在滑坡体中、前部出现横向放射状裂缝。其反映了滑坡体向前推挤并受到阻碍，已进入临滑状态。

（3）大滑动之前，在滑坡体前缘坡脚处，土体出现向上隆起（凸起）或坍垮现象，这是滑坡向前推挤的明显现象。

（4）大滑动之前，有岩石开裂或被剪切挤压的迹象。这种迹象反映了深部变形与破裂。动物对此十分敏感，有异常反应。

（5）临滑之前，滑坡体前缘两侧岩体（土体）会出现小型坍塌和松弛现象。

（6）如果在滑坡体上有长期位移观测资料，那么大滑动之前，无论是水平位移量还是垂直位移量，均会出现加速变化的趋势。或后缘拉张裂缝突然出现反向滑移，甚至闭合，这是明显的临滑现象。

（7）滑坡后缘的裂缝急剧扩展，并从裂缝中冒出热气（或冷风）。

（8）动物惊恐异常，植物变态。如猪、狗、牛惊恐不安、老鼠乱逃、树木枯萎或歪斜等。

3. 滑坡的识别方法

识别滑坡，对于近年来发生的新滑坡来说相对比较容易，但对于老滑坡、古滑坡来说并非易事。通常，我们可以通过一些滑坡标志来识别。

滑坡的标志主要有以下几种：

（1）地貌地物标志：滑坡在斜坡上常呈圈椅状、马蹄状地形，滑动区斜坡常呈异常台坎分布，斜坡坡脚挤占正常河床呈"凸"型等。滑动体上常有鼻状鼓丘、多级错落平台、两侧双沟同源。在滑坡体上有时还可见到积水洼地、地面开裂、醉汉林、马刀树、建筑物倾斜或开裂、管线工程或公路工程变形等。

（2）岩土结构标志：在滑坡体前缘，常可见到岩土体松散扰动，以及岩土层产状与周围岩土体不连续现象。

（3）滑坡边界标志：在滑坡后缘，即不动体一侧常呈陡壁，陡壁上有顺坡向擦痕，滑体两侧多以沟谷或裂缝为界，前缘多见舌状凸起。

（4）水文地质标志：由于滑坡的活动，滑体与滑床之间原有的水力联系破坏，常造成地下水在滑体前缘成片状或股状溢出。正在滑动的滑坡，其溢出的地下水多为混浊状。已停止滑动的滑坡，其溢出的地下水多为清水，但激流点下游多有泥沙沉积，有时还有湿地或沼泽形成。

2.3.2 崩塌的识别

崩塌地质灾害是指在重力和其他外力（如地震、水、风、冰冻、植物等）共同作用下，岩土体从较陡边坡上顺坡向下以垂直或翻滚运动形式为主的破坏现象。根据崩塌的物质组成划分为岩质崩塌（图 2.4）和土质崩塌两类（图 2.5）。

图 2.4　岩质崩塌

图 2.5　土质崩塌

1. 崩塌的力学分类

崩塌是岩土体长期蠕变和不稳定因素不断积累的结果。崩塌体的大小、物质组成、运动路径、破坏能力等虽然各不相同，但崩塌都是按一定的力学机制发展形成的。为有效防治崩塌类灾害，根据形成的力学机制将崩塌分为倾倒、滑移、拉裂、错断和膨胀五种类型。

（1）倾倒崩塌。在高陡边坡上，柱状或块、板状岩体以垂直节理或裂缝与稳定母岩分开，在裂隙充填或裂隙水平推力作用下，岩体在失稳时绕底部一点发生转动性倾倒，一旦岩体重心偏离出坡外，岩体就会突然崩塌（图 2.6）。

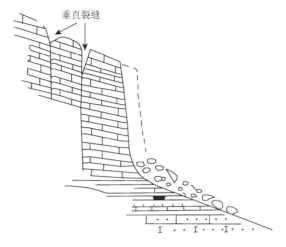

图 2.6　倾倒崩塌

（2）滑移崩塌。在坡体上的不稳定岩体下部有向坡下倾斜的光滑结构面或软弱面，在重力、裂隙水压力以及水软化软弱面等作用下，不稳定岩体沿光滑结构面或软弱面滑动，一旦岩体重心滑出坡外，崩塌就会发生（图 2.7）。

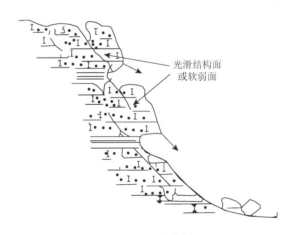

图 2.7　滑移崩塌

（3）拉裂崩塌。边坡上有突出悬空的岩体，且岩体节理裂隙发育，在重力作用下，拉应力超过连接处岩石的抗拉强度时，就会突然崩塌（图 2.8）。

（4）错断崩塌。陡坡上的长柱状和板状不稳定岩体，当无倾向坡外的不连续面，并且下部无较厚的软弱岩层时，由于不稳定岩体的重量增加或下部断面减小等原因，一旦自重所产生的剪应力超过岩石抗剪强度，岩体将被剪断，产生崩塌（图 2.9）。

（5）膨胀崩塌。当陡坡上不稳定岩体下部分布有较厚的软弱岩层，或不稳定岩体本身就是松软岩层，而且有长且宽的垂直节理把不稳定岩体和稳定岩体分开时，在连续降雨或有地下水补给的情况下，下部较厚的软弱层或松软岩层被软化。在上部岩体的重力作用下，当压应力超过软岩天然状态下的无侧限抗压强度时，软岩将被挤出，发生向外鼓胀。随着鼓胀的不断发展，不稳定岩体将不断下沉和外移，同时发生倾斜。一旦重心移除坡外，崩塌即会产生（图 2.10）。

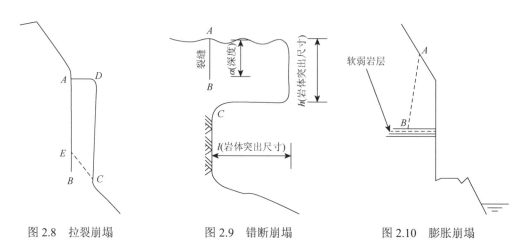

图 2.8　拉裂崩塌　　　　　图 2.9　错断崩塌　　　　　图 2.10　膨胀崩塌

2. 崩塌的形成阶段

崩塌的形成一般分为微裂、剧烈变形、倾倒、断裂垮坍四个阶段。

（1）微裂阶段。此阶段高陡斜坡在重力作用下以弹性变形为主，但有塑性变形的痕迹，在斜坡顶上岩体开始出现细小裂纹。此阶段经历时间很长，不利观测。

（2）剧烈变形阶段。此阶段岩体以塑性变形为主，在重力作用下岩体裂变加快，裂缝宽由数厘米增加到数十厘米甚至数米，深度数十米不发生倾倒，四川苍溪县某村后山陡崖高 80 多米，裂缝宽 3 米有余。此阶段变形的最大特征是变形快、无明显倾斜。时间也可维持很多年，变形可能是均匀的，可用观测资料说明。

（3）倾倒阶段。随着高陡斜坡，裂变岩体重心向临空方向移动，岩体开始出现向临空方向倾倒，此阶段由慢到快，呈加速变形。

（4）断裂垮坍阶段。当高陡崖向临空倾倒所产生的能力大于岩体抗拉强度时，岩体发生断裂，随即崩塌发生。

以上不难看出，剧烈变形和倾倒阶段是崩塌形成过程的最佳观测时期。观测方法与前面介绍的滑坡观测方法相同，同样可采用主裂缝观测法和排桩整体变形观测法。崩塌调查方法与滑坡基本相同，崩塌调查登记表也与滑坡调查登记表相近，调查者逐项调查登记即可。

3. 崩塌识别方法

崩塌灾害的野外调查识别主要依靠现场查看，需要简单的工具有锤子、罗盘、放大镜、皮尺、手持式 GPS 等。

野外可通过以下标志识别崩塌：

（1）临空面。崩塌需要有运动空间，即要有临空面，包括一面临空、两面临空、三面临空，甚至四面临空，即完全孤立。

（2）结构面。崩塌由结构面切割，脱离或局部脱离母体，结构面类型包括构造节理、卸荷节理、岩层面等，有的发育成宽大裂缝，贯通、透风、透光。

（3）岩腔。危岩体基脚往往存在由于差异风化、应力释放片状剥蚀等原因形成的岩腔，呈"大头"状、凹形坡形。特别是软硬互层的斜坡，更容易出现岩腔。

（4）坡脚崩塌堆积物。是历史崩塌下的块石在坡脚堆积形成的，崩塌堆积物也是判别崩塌的一个重要标志，其反映了该崩塌的历史活动情况。根据崩塌堆积物的新鲜程度，还可以估计上一次崩塌发生的时间。

需要注意的是，崩塌不一定存在上述全部标志，存在上述部分标志的也不一定是崩塌，这需要根据经验综合判断。

2.3.3　泥石流的识别

泥石流地质灾害是山区特有的一种不良地质现象，是山区的沟谷中，由暴雨、冰雪融水或库塘溃决等水源激发，形成一种夹带大量泥沙、石块等固体物质的特殊洪流。泥石流往往突然暴发，以巨大的速度从沟谷上游奔腾直泄而下，在很短的时间内将大量泥沙、石块冲出沟外，横冲直撞、漫流堆积，一般可分为形成区、流通区和堆积区三个动态区。

泥石流根据固体物质组成成分可分为泥流、泥石流、水石流；根据流域形态划分为沟谷泥石流和坡面泥石流。沟谷泥石流可阻塞桥涵，淤埋道路。坡面泥石流分布广，但体积小，往往造成边沟淤塞，淤埋路面。

1. 泥石流形成的基本条件

泥石流的发生必须同时具备三个条件，即地形条件、物源条件和水源条件。

（1）地形条件。泥石流流域一般具有陡峻的地形，它为泥石流的形成和运动提供必要的位能条件。典型的泥石流上游多为三面环山、一面出口的漏斗状地形（图 2.11），山坡

图 2.11　泥石流的地貌条件

坡度多为 30°～60°，沟床纵坡一般不小于 13°。这样的地形条件有利于承受周围山坡上的固体物质，也有利于集中水流。

（2）物源条件。泥石流沟的斜坡或沟谷中应有足够数量的松散堆积物，为泥石流形成提供必要的物源。山体表层岩体破碎风化后形成的残坡积物，滑坡、崩塌提供的松散堆积物（图 2.12），沟谷中各种沉积物及人工开挖采石、采矿和工程建设的弃渣等是最常见的泥石流固体物质的来源。

图 2.12　泥石流的物源条件

（3）水源条件。水是泥石流的重要组成部分，也是泥石流的动力条件（图 2.13），还是泥石流暴发的激发因素。如兰成渝管道沿线泥石流的水源主要来自暴雨。

图 2.13　泥石流的水源条件

2. 泥石流流域的组成

典型的沟谷型泥石流流域，从上到下一般可分为形成区、流通区和堆积区三个区，如图 2.14 所示。

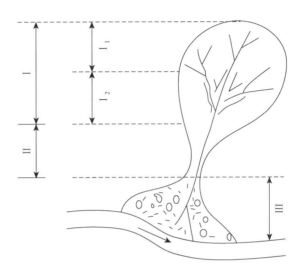

图 2.14　泥石流流域分区示意图

注：Ⅰ——形成区（Ⅰ₁——汇水动力区；Ⅰ₂——固体物质供给区）；Ⅱ——流通区；Ⅲ——堆积区。

（1）泥石流形成区（上游）：多为三面环山一面出口的瓢状开阔地段，周围高陡坡（30°～60°），植被不发育，山体破碎，崩塌、滑坡发育。这样的地形有利于水和碎屑物聚集。

（2）泥石流流通区（中游）：多为狭窄深陡的峡谷，纵比降大，泥石流流动畅通可直泄而下。

（3）泥石流堆积区（下游）：多为开阔平坦的山前平原和沟谷阶地。碎屑物质因动能急剧减少而最终在此停积下来。

3. 泥石流识别

（1）物源依据。泥石流的形成必须有一定量的松散土、石参与。所以，沟谷两侧山体破碎、松散物质数量较多，沟谷两边滑坡、垮塌现象明显，植被不发育，水土流失严重，坡面侵蚀作用强烈的沟谷，易发生泥石流。

（2）地形地貌依据。能够汇集较大水量、保持较高水流速度的沟谷，才能容纳、搬运大量的土、石。沟谷上游三面环山、山坡陡峻，沟域平面形态呈漏斗状、勺状、树叶状，中游山谷狭窄、下游沟口地势开阔，沟谷上、下游高差大于 300m，沟谷两侧斜坡坡度大于 25° 的地形条件，有利于泥石流形成。

（3）水源依据。水为泥石流的形成提供了动力条件。局地暴雨多发区域，有溃坝危险的水库、塘坝下游，冰雪季节性消融区，具备在短时间内产生大量流水的条件，有利于泥石流的形成。其中，局部暴雨多发区，泥石流发生频率最高。

如果一条沟在物源、地形、水源三个方面都有利于泥石流的形成，这条沟就一定是泥石流沟。但泥石流发生频率、规模大小、黏稠程度会随着上述因素的变化而变化。已经发生过泥石流的沟谷，今后仍有发生泥石流的危险。

2.3.4 水毁的识别

水毁灾害是多在雨季并发的灾害的统称，指在气候、水文和地质环境因素以及人类活动的综合作用下，由降水或洪水等因素诱发，产生的一系列对管道工程的自然破坏现象和破坏过程（图 2.15）。水毁灾害是长输油气管道中普遍存在且间接危害管道安全的特殊灾害，其不同于崩塌、滑坡、泥石流等常规地质灾害会造成瞬间、毁灭性的破坏，通常会导致管道上覆土体被冲蚀、管道护坡工程被破坏，造成露管、悬管、漂管等危害，裸露于地表外的管道可能会受到第三方破坏或空气腐蚀。

图 2.15　水毁地质灾害

1. 水毁灾害的发育影响因素

根据对油气管道沿线的水毁灾害进行深入的分析，总结出其发育影响因素主要与灾害所处的地形地貌、地质环境、降水条件、地表水活动、人类工程活动密切相关（表 2.1）。

表 2.1　水毁灾害的发育影响因素

影响因素	坡面水毁	河沟道水毁	台田地水毁
地形地貌	坡度、斜坡形态、高差汇流情况及汇水面积	岸坡形态、岸坡坡度、河沟纵坡降	台田地陡缓、台田地形态、台田坎高差
地质环境	岩土体类型、岩土结构特征、地质构造	岩土体类型、岩土结构特征、地质构造	岩土体类型、岩土结构特征、植被和土地利用类型

影响因素	坡面水毁	河沟道水毁	台田地水毁
降水条件	易形成坡面汇流、降低岩土体强度和改变斜坡应力状态	易形成洪水、降低岩土体强度和改变斜坡应力状态	易在台地或田地上形成汇流、降低岩土体强度、改变陡坎应力状态
地表水活动	冲刷、侵蚀坡体	冲刷、侵蚀坡体和淘蚀岸坡	冲刷、侵蚀作用，形成台地坎淘蚀、沟蚀
人类活动	开挖坡体、农业灌溉、毁林开荒、劈山开矿	开挖岸坡、农业灌溉、毁林开荒、劈山开矿、堆渣填土、水库、水坝排水	开挖台地坎、农业灌溉、毁林开荒、

2. 水毁的识别方法

根据水毁地质灾害的类别不同，其识别方法也有所差异。

坡面水毁地质灾害主要表现形式为地表冲刷侵蚀，使覆盖层变薄或直接漏管。其发生初期管道上部覆土会发生明显变形，不均匀沉降明显，土体出现明显拉裂纹。在坡面水流冲刷的作用下，管道上部覆土被水流冲刷带走形成坡面冲沟，冲沟不断受风化侵蚀作用，范围逐渐扩大，易造成露管、悬管等危害。

河道水毁地质灾害表现形式为水流淘蚀管道顶部覆土或损坏水工防护结构，根据管道与河流的相对位置关系，使用不同的识别方式，主要原则为观测管道沿线土体及水工防护结构的完整性，若土体或防护结构出现明显裂纹则需加强该段管道巡视强度。通常沿线管道及水工防护结构由于水流的冲刷、淘蚀作用，产生露管、悬管或水工防护结构发生悬空、变形、垮塌等现象。

台田地水毁地质灾害主要表现为台田坎垮塌、塌陷，损坏冲沟及水工防护措施等现象，其识别主要方式为观测沿线高陡田坎基础底部有无外凸变形，顶部后缘有无明显拉裂缝，观察冲沟等水工防护措施完整性，表面有无裂缝发育等。

2.4　油气管道地质灾害的评价

管道地质灾害风险评价作为管道风险管理的基础，是通过计算某段管道或整条管道系统的风险值对各个管段（或各条管道）进行风险排序，以识别高风险的部位，确定最大可能导致管道事故和有利于潜在事故预防的至关重要的因素，确定管段维护的优先次序，为维护活动的经济性决策提供依据，最终使管道的运行管理更加科学化。

2.4.1　管道地质灾害评价的目的、原则及其限制因素

1. 评价目的

管道地质灾害风险评价的目的是评价地质灾害发生的可能性及其后果的严重程度，以寻求最低事故率、最小的损失、最优的风险控制方案和安全投资效益。管道地质灾害风险

评价要达到的目的具体包括如下几个方面。

（1）系统地从规划、设计、施工、运行等过程中考虑安全管理问题，找出各生产环节中潜在的危险因素，并提出相应的安全措施，以实现安全的目标。

（2）对潜在地质灾害事故进行定性、定量分析和预测，建立使管道安全的最优方案。

（3）评价管道及附属设施或防护系统的设计是否使收益与危险达到最合理的平衡。

（4）在管道及附属设施或防护系统进行使用之前，对潜在的危险进行评价，以便判定风险事件是否消除或控制在规定的可接受水平内，并为所提出的消除风险或将风险减少到可接收水平的措施提供决策支持。

（5）评价管道及附属设施或防护系统在生产过程中的安全性是否符合有关标准、规范的规定，实现安全技术与安全管理的标准化和科学化。

（6）风险评价体现了预防为主的思想，使潜在和现存的风险得以控制。

2. 评价原则

管道地质灾害风险评价应遵循科学性、系统性、综合性和适用性的原则。

（1）科学性。现场很多地质灾害的危险是能够凭专业知识或经验辨识出来的，但也存在一些潜在的灾害不易于发现，这主要受现有技术水平的制约，也受现有认识水平的影响。因此，必须找出充分的理论和实践依据，以保障方法的科学性。

（2）系统性。地质灾害的风险存在于管道生产活动的各个方面，因此只有对系统进行详细解剖，研究系统与子系统间的相互关系，才能最大限度地辨识被评价对象的所有风险及其对系统影响的重要程度。

（3）综合性。系统安全分析和评价的对象不同，涉及管道安全生产的各个方面，不能用单一的方法完成。因此，在评价时，地质灾害体、管道及环境之间是相互作用和影响的，如甲的危害引起乙的变化，乙的变化影响到丙的变化，活动与活动之间是一个"事故链"，因此，评价时要综合考虑各种因素与影响。

（4）适用性。分析和评价方法要适合管道的具体情况，即具有可操作性，方法要简单，结论要明确，效果要显著，这样才能为人们所接受。

3. 评价的限制因素

根据经验或预测方法进行的风险评价在理论和实际上都还存在很多限制，应该认识到在风险评价结果的基础上做出风险管理决策的质量，与被评价对象的了解程度、对风险可能导致事故的认识程度和采用的评价方法本身的准确性等有关。

（1）不完整性。管道地质灾害风险评价的不完整性主要有两个方面：首先是在危险辨识阶段，不可能找到所有的危险；其次是对已辨识的危险不能保证考虑到所有可能引发的事故的原因和事故的后果。

（2）主观性。由于风险评价具有高度主观的性质，评价结果与假设条件密切相关，不同的评价人员使用相同的资料评价同一问题时，可能会得出不同结果。

（3）不易理解。有些风险评价可能要填写几十页的表格，表格内容之间相互有前后关联，说法上也有相似之处，有时会出现不好理解和难以应用的情况。

2.4.2　管道地质灾害风险的主要特征

管道沿线所涉及的地质灾害种类很多，根据其活动特点可分为突发性地质灾害和缓发性（累进性）地质灾害两类。管道地质灾害风险一般是对突发性地质灾害的特征表述或量度。地质灾害风险具有一般自然灾害风险的主要特点，主要表现在下述五个方面。

1. 地质灾害风险的必然性或普遍性

从根本上看，地质灾害是地质动力活动、人类社会经济活动相互作用的结果。由于地球活动不断进行，人类社会不断发展，地质灾害将不断发生。地质灾害活动是伴随地球运动、与地球共存的自然现象。这种活动自人类出现以后一直伴随着人类，并产生受灾风险，影响着社会经济的发展。从这一意义上说，地质灾害风险乃是一种必然现象或普遍现象。

2. 地质灾害风险的可防御性

地质灾害都是在一定条件下形成发展的，所以通过研究灾害的属性特征，认识灾害的形成条件和活动规律，可以通过监测、预报和防治措施，在一定程度上控制灾害活动，保护管道及其附属设施，减少和避免灾害造成的破坏损失，降低风险，因此风险具有可防御性。

3. 地质灾害风险的不确定性或随机性

地质灾害虽然是一种必然现象，但由于其形成和发展受多种自然条件和社会因素的影响，所以具体某一时间、某一地点以及地质灾害事件的发生时机，即在什么时候、什么地点发生何种强度（或规模）的灾害活动，将导致多少人死亡或造成多大损失，都具有很大不确定性或随机性。

4. 地质灾害风险的群发性和区域性

地质灾害多以灾害点、灾害群的形式发生，因此从风险的角度来讲，它们并不是孤立的，而是受区域地质构造条件、暴雨、地震、地形等条件制约的，具有群发性和区域性。

就地质灾害风险的内部关系而言，它们都是受一定区域性条件控制的。我国的地质构造轮廓特点突出：南北分区、东西分带、交叉成网，这一构造格局对区域性地质灾害风险的分布起着重要的制约作用。我国的地形从西向东依次降低，形成三个显著的阶梯：第一阶梯为青藏高原；第二阶梯为中部山地，崩塌、滑坡、泥石流等山地地质灾害 92%发育在这一带；第三阶梯为东部平原，地面沉降、地裂缝、冻胀土等地质灾害多发育在这一带。这种区域性特征为地质灾害风险区划研究奠定了基础。

5. 地质灾害风险与社会的同步性

人类社会的早期，人口稀少，生产能力低下，缺乏改造自然的能力，对自然界的改造与破坏程度不大。因此，地质灾害对人类社会直接危害和受灾风险相对较小。但随着人口的增多，科学的进步，特别是社会组织功能的发挥，人类改造自然的能力越来越大，对地球表面环境系统的作用也越来越强。因此，地质灾害风险不断增大，损失也越来越严重。就地质灾害来说，80%都是人类工程、经济活动诱发的，随着社会经济的发展，其严重程度将继续增加。

管道地质灾害风险特征是构建管道地质灾害风险评价理论与方法的基础和出发点。基于管道地质灾害风险的复杂性，对管道地质灾害风险认识与评价是一个不断深化、完善的理论研究与技术方法的创新过程。

2.4.3 管道地质灾害风险构成与基本要素

管道地质灾害的构成必须具备致灾体和受灾体两方面条件：前者是由地质自然动力作用引起的灾害活动，即地质灾害的动力条件；后者指与管道工程相关的资源和环境，即管道工程等人类经济活动的易损性。只有这两方面条件同时具备时，才能出现灾害过程，形成灾害度后果，即形成灾害。上述两方面条件不但决定了灾害是否发生，而且决定了成灾规模的大小。通常情况下，灾害活动或致灾体的规模越大，受灾体密度和价值越高，对灾害的抵御能力和可恢复性越差，成灾越严重。因此，管道地质灾害的致灾体与受灾体是成灾的基本条件。它们相互作用过程所造成的破坏损失，是管道地质灾害的集中表现，是风险评价的核心内容。因此，风险程度主要取决于以下两方面条件。

（1）地质灾害活动的动力条件，主要包括地质条件（岩土性质与结构、活动性构造等）、地貌条件（地貌类型、切割程度等）、气象条件（降水量、暴雨强度等）、人为地质动力活动（工程建设、采矿、耕植、放牧等）。通常情况下，地质灾害活动的动力条件越充分，地质灾害活动越强烈，所造成的破坏损失越严重，灾害风险越高。

（2）管道设施及人类经济活动的易损性，即承灾区管道和各项经济活动对地质灾害的抵御能力与可恢复能力，主要包括人口密度及人居环境、财产价值密度与财产类型、资源丰富度与环境脆弱性等。通常情况下，承灾区（地质灾害影响区）的人口密度与工程、财产密度越高，人居环境和工程、财产对地质灾害的抗御能力以及灾后重建的可恢复性越差，生态环境越脆弱，管道遭受地质灾害的破坏越严重，所造成的损失越大，地质灾害的风险越高。

上述两方面条件分别称为易发性和易损性，它们共同决定了管道地质灾害的风险程度。基于此，地质灾害的风险要素也由易发性和易损性这两个要素系列构成，具体地说，可归纳为以下五个方面。

1. 成灾背景要素

成灾背景要素反映地质灾害形成的自然条件和社会经济条件。其中，自然条件主要包括如下：

（1）地质条件，如地层、岩性、地质构造与新构造、地壳稳定性等因素。

（2）地形地貌条件，如地貌类型、海拔高程、地形高差或切割深度等因素。

（3）气候条件，如气候类型、降水量、降雨强度等因素。

（4）水文条件，如所属水系、水位、流量、水温、水质等要素及其动态变化因素。

（5）植被条件，如植被类型、覆盖程度等因素。社会经济条件主要包括人口数量、密度；城镇及重要企业、工程和 2 基础设施等的分布。

（6）工农业产值、国内生产总值及社会经济发展水平。

（7）防灾工程及减灾能力等。

2. 致灾体活动要素

致灾体活动要素反映地质灾害活动程度，也称为灾变要素。它主要包括灾害种类、灾害活动规模、强度、频次、密度、成灾范围、灾变等级等。

3. 受灾体（管道）特征要素

受灾体（管道）特征要素主要包括管道类型、范围、数量、价值、密度、对不同灾害的承御能力和灾后的可恢复性等。

4. 破坏损失要素

破坏损失要素主要包括地质灾害的破坏效应和损失构成；管道种类、损坏数量、损坏程度、价值；灾害造成的经济损失、人员伤亡、社会影响等。

5. 防治工程要素

防治工程要素主要包括地质灾害防治工程措施，管道安全防护措施，工程量、资金投入，防治效果与预期减灾效益等。

以上的地质灾害风险评价要素，是开展该项工作的基础，只有通过系统调查、统计、分析各项基本要素，才能做好灾害风险评价工作。

从一般意义上说，管道灾害风险评价的范围应该包括灾害全部过程和各个方面的情况，不同的灾害风险评价工作其侧重点不同。这些分析评价自然不能孤立地进行，必须在分析灾害背景条件的基础上，深入调查和研究灾害的活动强度以及管道及其附属设施的破坏损失情况，才能核算经济损失，确定灾度等级或风险等级，进行效益分析。

关于管道地质灾害风险评价技术，历时 30 多年后，已经有很多管道公司形成了自己的风险分析方法，并有不少相关的文献出版。但总的来说，这些方法可以分为三类：定性风险评价、半定量风险评价和定量风险评价。不同评价方法和评价范围，地质灾害风险评价的精度要求不同，指示地质灾害活动程度要素也不同，所以国内外目前各评价技术所涉及的内容也并不完全一致。

2.4.4　定性评价

定性评价方法主要指根据经验对管道系统的工艺、设备、地质灾害环境、人员等各方面进行定性的评价。其主要作用是找出管道系统存在哪些地质灾害危险，诱发管道事故的各种因素,这些因素对系统产生的影响程度以及在何种条件下会导致管道失效,最终确定控制管道事故的措施。

该评价方法的特点是过程简单,不必建立精确的数学模型和计算方法,能够低成本、快速地得到答案、划分影响因素的细致性、层次性等,具有直观、简便、快速、实用性强的特点,因而便于推广应用。

定性评价的主观性较强,其结果易受到参加评价人员的专业知识深度及经验多少的影响。对于复杂系统,由于它不能量化管道地质灾害风险程度,有时难以得到令公众和管道管理部门信服的最终评价结果。定性评价常用于基本方案的风险评价、初始阶段的风险评价,用来确定潜在危险最大或重大风险的区域,为指定进一步风险评价方案提供依据。

传统的定性风险评价方法主要有安全检查表(safety checklist analysis,SCA)、预先危害性分析(preliminary hazard analysis,PHA)、危险与可操作性分析(hazard and operability study,HAZOP)等。

1. 安全检查表

安全检查表是安全评价方法中最初步、最基础的一种。其通常用于检查管道地质灾害系统中不安全因素,查明薄弱环节的所在。首先需根据检查对象的特点、有关规范及标准的要求确定检查项目和要点。按提问的方式,把检查项目和要点逐项编制成安全检查表。评价时对表中所列项目进行检查和评判。

2. 预先危险性分析

预先危险性分析又称初步危险分析或假设预测分析,是指在管道工程活动(包括设计、施工、生产和维修等)前,对系统可能存在的各种地质灾害危险因素通过假设提问的方法列出,然后对其可能产生的后果进行宏观、概略的分析,并提出安全防治措施。

该方法主要用于对地质灾害体和管道的主要工艺区域等进行分析。其主要功能有:大体识别与管道系统有关的主要地质灾害危险;鉴别产生危险的原因;估计事故出现对人体及管道系统产生的影响;判定已识别的危险性等级表(表 2.2),并采取消除或控制危险性的技术和管理措施。

表 2.2　预先危险分析(PHA)危险性等级划分表

级别	危险程度	可能导致的后果
I	安全的	不会造成人员伤亡及系统损坏
II	临界的	处于事故的边缘状态,暂时还不至于造成人员伤亡、系统损坏或降低系统性能,予以排除或采取控制措施
III	危险的	会造成人员伤亡和系统损坏,要立即采取防范对策措施
IV	灾害性的	会造成人员重大伤亡及系统严重破坏的灾难性事故,必须予以果断排除并进行重点防范

进行预先危险性分析前，应根据项目的实际情况，由工程技术人员、操作工人和管理人员共同组成一个小组，在对工程环境、操作程序、工艺描述和其他相关信息的学习研究的基础上，按照流程进行分析工作。

3　危险与可操作性分析

危险与可操作性分析方法是英国帝国化学工业公司（Imperial Chemical Industries，ICI）为解决除草剂制造过程中的危害，于 1960 年发展起来的一套以引导词为主体的危害分析方法，用来检查设计的安全以及危害的因果来源。

危险与可操作性分析方法是用来识别和估计过程的安全方面的危险性以及操作性问题，虽然这些操作性问题可能没有什么危险性，但通过可操作性分析可以保证装置达到设计能力。该分析方法最初是为缺乏预报危险和操作性问题经验的分析组设计的，后来发现该方法同样适用于已投入运行管道的地质灾害风险评价。

危险与可操作性分析的目的是系统、详细地对工艺过程和操作进行检查，以确定过程的偏差是否导致不希望的后果。该方法可用于连续、间歇过程，还可以对管道地质灾害情况进行分析。危险与可操作性分析组将列出引起危害的原因、后果，以及针对这些危害及后果已使用的安全措施，当分析组确信对这些危害的保护措施不当时，会提出相应的改进措施。

总之，定性法可以根据地质灾害专家的观点提供高、中、低风险的相对等级，但是地质灾害的发生频率和事故损失后果均不能量化。在风险管理过程中需要识别潜在地质灾害事故，是重要的第一步。比如，确定管道维修或防护时，就可按定性风险分析法提供的资料确定系统中哪段管道最需要维护，哪种防治措施最合适。这种方法为合理分配管线地质灾害防治资金提供了依据。

2.4.5　半定量评价

半定量评价方法是以风险的数量指标为基础，以管道系统中的地质灾害致灾体和管道系统为评价对象，对管道事故损失后果和地质灾害事故发生的概率按权重值各自分配一个指标，然后用一定的数学模型综合处理并将两个对应的事故概率和后果严重程度的指标进行组合，从而形成一个相对风险指标。

最常用的是专家评分法（experts grading method，EST），其中最具代表的是 W.Kent Muhlbauer 主编的《管道风险管理手册》（Pipe Risk Management Manual）。目前，该书所介绍的评价模型已为世界各国普遍采用，国内外大多数管道风险评价软件程序也是基于它所提出的基本原理进行编制的。

专家评分法是指通过匿名方式征询有关专家的意见，对专家意见进行统计、处理、分析和归纳，客观综合多数专家的经验与主观判断，对大量难以采用技术方法进行定量分析的因素做出合理估算，经过多轮意见征询、反馈和调整后，对管道地质灾害风险进行分析的方法。

（1）专家评分法的适用范围。专家评分法适用于存在诸多不确定性因素、采用其他方法难以进行定量分析的管道地质灾害风险。

（2）专家评分法的程序。①选择专家；②确定影响灾害风险的因素，设计分析对象征询意见表；③向专家提供灾害背景资料，以匿名方式征询专家意见；④对专家意见进行分析汇总，将统计结果反馈给专家；⑤专家根据反馈结果修正自己的意见；⑥经过多轮匿名征询和意见反馈，形成最终分析结论。

2.4.6 定量评价

定量评价法是管道风险评价的高级阶段，是一种定量绝对事故频率的严密数学和统计学方法，是基于失效概率和失效结果直接评价基础上的方法。其预先给固定的、重大的和灾难性的地质灾害事故发生概率和事故损失后果都约定一个具有明确物理意义的单位，所以其评价结果是最严密和最准确的。通过综合考虑管道失效的单个事件，算出最终事故的发生概率和事故损失后果。定量法给面临风险的管道经营者提供了最大的洞察能力。定量法的评估结果还可以用于风险、成本、效益的分析之中，这是前两类方法都做不到的。

然而，目前大多数研究工作集中于生命安全风险或经济风险，而油气管线失效的地质灾害风险还不能完全进行定量评估，管道安全风险、环境破坏风险和后果的综合评价也尚未有合适的方法。另外，定量风险评价需要建立在历史失效率的概率统计基础之上，而公用数据库一般没有特定管线的详细失效数据，公布的数据也不足以描述给定管线的失效概率。

常用的定量评价方法有故障树法（foult tree analysis，FTA）和概率风险评估法（probabilistic risk assessment，PRA）等。

1. 故障树法

故障树法是一种非常主要的安全风险分析方法。它是美国贝尔电话实验室的 A.B.米伦斯在 1962 年首先提出的。我国于 1976 年开始介绍并且研究这种方法，并广泛应用于在核工、航天、机械、电子、地质等领域，在提高产品的安全性和可靠性方面发挥了重要作用。故障树法是一种具有广阔的应用前景和发展前途的分析方法。故障树是由若干节点和连接这些节点的线段组成的（图 2.16），每个节点表示某一具体事件，连线则表示事件之间的某种特定关系。

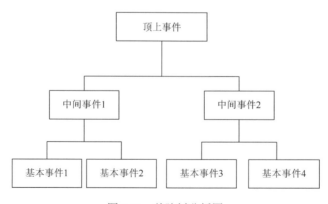

图 2.16　故障树分析图

　　故障树法是一种逻辑演绎分析工具，用于分析所有事故的现象、原因、结果事件及其组合，从而找到避免事故的措施。这种分析方法是分析系统事故和原因之间关系的因果逻辑模型，从某一特定的事故开始，运用逻辑推理方法找出各种可能引起事故的原因，也就是识别出各种潜在的影响因素，求出事故发生的概率，并提出各种控制风险的方案。

　　这种方法既可做定性分析，又可做定量分析。若按事件是否发生对顶上事件的影响来做定性分析，可以查明系统由初始状态（基本事件）发展到事故状态（顶上事件）的途径，求出引发事故的最小事件组合，发现系统安全的薄弱环节，为改善安全提供对策及方案，属于定性评价方法。若已知各基本事件发生的概率，按逻辑代数的预算法则，计算顶上事件发生的概率及基本事件在管道系统中的影响程度，属于定量评价方法。

　　2. 概率风险评价法

　　概率风险评价法是运用数理统计的概率分析方法，分析地质灾害危害因素、事故后果之间的数量关系及其变化规律，对事故的概率及系统风险进行定量评定。它将各种灾害因素处理成随机变量或随机过程，量化确定事故频率及失效后果。该方法需要建立在统计基础上的数据库支持，其结果的准确性取决于原始数据、资料的完整性和准确性以及数学模型的精确度和分析计算方法的合理性。概率理论分析、马尔可夫模型分析、可靠度分析等均属于这种评价方法。这种方法能够给出系统发生事故的概率、各种危害因素的重要程度，便于对不同系统进行比较。由于其建立在大量实验及事故统计分析的基础上，因此是一个相当复杂、花费较大的过程。其对数据的完整性、准确性要求很高，需要有主要危害因素的事故发生概率等资料，一些复杂系统往往难以做到。

　　管道地质灾害的概率风险评价中，由于地质体危害因素繁多，引发管道失效事故类型也很复杂，常常需要应用结构力学、地质力学、块体断裂力学、水力学等理论，根据管道在运营条件下的灾害体发生发展趋势等，用数学模型分析求解，结合管道事故统计数据与分析资料，以求得管道的事故发生概率。由于它对数据资料的完整性、数学模型的准确性和分析方法的合理性要求很高，没有较完整的风险评价数据库和相关技术标准及研究基础的支持，就难以得到精确的定量评价结果。

　　综上所述，管道地质灾害风险评价是集合了地质灾害易发性评价、管道及附属设施易损性评价和后果分析的成果，获取一个风险估量。目前，较常用的是定性和半定量评价方法（具体见表 2.3）。

表 2.3　风险评价方法

方法	描述
定性评价	分别对风险级别和后果进行定性估计的方法，多是通过经验直接确定
半定量评价	对影响概率和后果的因素赋值，通过数学方法计算综合，一般通过相加计算每个潜在破坏事件的风险指数
定量评价	定量计算破坏概率和后果，用概率理论计算风险

定性和半定量的方法容易实现，易于理解，但难以进行各灾害点之间的比较。潜在灾害发生概率和管道破坏概率在数量上变化很大，因此采用概率论来估算风险更易于接受。将概率值与后果损失值相结合（定量方法）来确定灾害的真实风险，这样的结果对社会、环境、运营商来说更有意义，定性或半定量的方法难以达到这个程度。上述两种评价方法的对比见表 2.4。

表 2.4　定性、半定量与定量方法对比

方法分类对比内容	定性方法	半定量方法	定量方法
评价需要的资料	历史与现状数据	简单的调查数据	详细的勘查资料
可操作性	简单，易于操作	稍简单，易于操作	复杂，专业水平较高
评价结果	灾害相对风险	灾害相对风险	灾害实际风险
适用工作阶段	巡查阶段	调查阶段	重点灾害点风险控制

2.4.7　管道地质灾害风险区域评价

专门区域地质灾害风险评价和分析的研究工作是随着"国际减灾十年"活动的开展，20 世纪 90 年代才逐渐在世界各国兴起的，目前还处于起步探索阶段，也没有形成完整的理论体系。

目前，关于管道区域地质灾害风险评价研究成果直接效益尚不明显，风险评价灾种主要局限于滑坡、泥石流等引起的区域地质灾害。近年来随着 GIS 技术和全球信息化的迅速发展，许多学者对 GIS 在区域地质灾害风险评价方法和区划制图技术中的应用进行了研究，并取得了可靠的成果。

2.4.7.1　区域地质灾害风险评价方法

区域地质灾害风险评价包含危险性评价和管道易损性评价两部分，前者属于地质灾害的自然属性，后者属于管道及其社会属性的范畴。

1. 区域地质灾害危险性评价方法

1）地貌分析法（专家评判法）

地貌分析法（专家评判法）是最为简单的评价方法，是由地质学家根据自己的知识和在相似地区的工作经验对研究区的地质灾害危险性直接做出判断，分区分级。

地貌分析法的主要优点如下：

（1）可以同时考虑大量的参数。

（2）可以应用于任意比例尺的区域和单体斜坡稳定性评价。

（3）时间短、费用少。

它的主要的缺点如下：

（1）主观性较强，不同的调查者或专家得出的结果无法进行比较。

（2）隐含的评判规则使结果分析和更新困难。

（3）需要详细的野外调查。

（4）GIS 在这里只能是简单的绘图工具。

2）参数合成法（指数综合法）

专家选择影响地质灾害的因子，并编制成图，根据个人经验，赋予每个因子一个适当的权重，最后进行加权叠加或合成，生成地质灾害危险性分区图。

它的主要优点如下：

（1）大大降低了隐含规则的使用，定量化程度提高。

（2）整个流程可以在 GIS 的支持下快速完成，使数据管理标准化。

（3）可以应用于任意比例尺。

参数合成法的主要缺点如下：

（1）应用于大区域评价时，操作复杂。

（2）权值的确定仍含有不同程度的主观性。

（3）模型难以推广。

Mehretra 等（1992）选择岩性、坡度、土地利用、排水条件、构造特征五个因素作为区域滑坡灾害评价的因素，将每个因素分类后，根据滑坡在各分类中的分布密度，计算各自的敏感性指数（landside sensitivity index，LSI），然后依次将五个因素叠加，并累计各单元的 LSV 值，得出单元总的 LSV，就可进行滑坡灾害区划。Mora 和 Vahrson（1994）在给出的相对灾害度的计算模型中考虑了降雨和地震对区域滑坡危险性的影响，各个参数的定量化指标方法也与前者有很大区别。由此可见参数合成法模型的多样化。

3）多元统计分析法

多元统计分析方法已经成功地应用于石油地质的许多领域，如石油勘探，然而这种技术应用于地质灾害的评价方面起步较晚。直到 20 世纪 80 年代，随着 Carrara（1983）完成的工作，基于这方面的详细分析才开始进行。

统计分析的前提是已知训练区的灾害分布情况。根据数理统计理论，建立影响参数和灾害发生与否的数学统计模型，在测试区得到验证后，将其应用到地质环境相同或相似的地区，预测研究区的灾害危险性分布规律。因此，统计分析方法评价结果的可靠度直接取决于测试区原始数据的精度，模型也不能在任何地区推广使用。尽管如此，大量的研究表明，统计分析是目前最为适用的区域地质灾害危险性评价区划方法，与前几种方法相比，它有严格的数理统计理论作基础，数学模型简单易懂，而且与高速发展的 GIS 技术能够很好地结合，使庞大的数据得到合理的标准化管理、分析与储存。此外，统计分析的误差可以进行定量估计。

最常用的统计分析是判别分析（逐步判别或典型判别分析）和回归分析，前者更适用连续变量（坡度、相对高程、岩土力学指标等），后者可以应用于含有定性变量的分析。

统计分析的模型简单易懂，模型中的变量个数没有明确限制，但如果取变量太多，使计算时间延长，占用计算机内存过多，就不能提高评价结果的精度，这是不可取的。逐步回归分析可以从理论上克服这一困难，但统计判别分析的一般假设变量是正态分布的。事实上，有关地质地貌的数据很少是正态的，往往是相关的。这是造成统计分析结果出现误差的又一重要原因。

另外，神经网络法、支持向量机（support vector machine，SVM）等人工智能方法在区域地质灾害的空间预测和评价方面的研究已开始起步和探索。

2. 区域地质灾害管道易损性评价

如前所述，地质灾害风险评价中易损性的评价是相当困难的。研究者在实践中常常根据研究区域和地质灾害种类的具体情况从简处理，如仅考虑油气管道或伴行路等单种承灾体的易损性。关于这方面的管道研究实例不多，而主要集中在人类居住房屋、土地和道路方面的有 Anbalagan 和 Singh（1996）对印度 Kumaun Himalaya 地区的滑坡灾害及其风险评价。其只考虑人类居住房屋、土地和道路作为受灾对象，分别给出其潜在破坏性（易损性）和风险评价方法。

张业成在进行云南省昆明市东川区泥石流灾害风险分析时，考虑的承灾体为建筑资产、室内财产和土地资源，引进易损性指数 S 表示它们的易损程度，其评价式为

$$S = B(S_j + S_s + S_t) \tag{2.1}$$

式中，B——修正系数；

　　S_j，S_s，S_t——建筑资产、室内财产、土地价值密度，元/m^2。

2.4.7.2　区域风险可接受水平的确定

上述风险分析和计算，可清楚说明滑坡地质灾害引起的风险的大小和性质，接下来需要结合这一风险的大小和性质，确定控制风险的途径并实施，这就是风险管理的内容。

显然，要想对风险进行控制，首先需要回答的问题是"这一风险是否可以接受？"这就需要结合区域社会、经济、政治、环境的现状和发展要求，判定该区在今后一段时间内（近期、中期或远期）地质灾害产生的风险在多大程度上是可以接受的。这个过程就是可接受风险水平的确定。确定了风险可接受水平之后，将上述风险评估得到的风险与之相比较，便可确定是否需要采取一定的途径来降低风险。

在管道地质灾害区域风险评价中，地质灾害引起的风险究竟在哪个风险水平之下是可以接受的？这一问题其实是非常复杂的。目前，不要说具体可行的指南性文本，就连有关解决此问题的一般性原则都不多见。

在近年来的文献中，Aleotti 和 Chowdhury 进行的总结和讨论，或许是迄今关于此问题最为全面的论述。P. Aleotti 首先强调灾害发生地点及其后果对于确定风险可接受水平的重要性。他指出，按照传统的观点，诸如大型水坝、核电站、重要建筑、管道和桥梁这些重要的建筑物必须保证无风险，就算很小的风险也是不能容忍的；对于相对小一些的工程，会导致人员伤亡的风险量级也认为是不可接受的。然而现在人们普遍认识到，一定程度的危险性以及随之而来的风险，就算量级不大，在任何工程中都是不可避免的，风险常常可以降到很低或者极低的水平，但也不是总能如此，而且绝对不能完全消除。

在管道地质灾害领域，事实上在其他结构和工程领域也常常用到这样一条原理：可容忍的或者可接受的风险级别应该与破坏后果成反比。

管道与水坝这样的工程构筑物有很大不同，就算是在经过广泛的调查之后〔除了重要的工程，一般很少能够做到〕，对其特征的了解仍然远远不够，仍然不太可能认识清楚所有可能的破坏机制，也不太可能弄清所有的薄弱环节。专家判断可能会有帮助，但是否应该以一贯假定很高的破坏概率仍然是值得斟酌的。

在类似长输油气管道的大型复杂工程系统中，首先地质灾害可接受风险水平的确定应该考虑所有的破坏模式与系统中其他元素的风险是相同量级的。然后，可接受风险的概念与灾害体的位置、与管道及其附属设施的距离、附属设施的功能及其使用年限等因素密切相关。灾害体本身及其破坏将波及的设施的破坏后果是需要引起高度重视的，必须考虑管道受灾后对人类生命财产安全、经济和环境等诸多方面可能造成的影响。因此，居民点和交通线路的位置也很重要。

基于以上论述，本书认为：对于不同类型的灾害种类，需要采用不同的可接受风险水平。灾害体的变化或运动速度不同，也应采用不同的可接受风险水平。随着速度、运动距离或流动距离的增加，灾害体的破坏性急剧增大。同时，在设定风险目标或可接受水平时，需要考虑触发因素（如暴雨、地震）及其频率、与历史活动的关系。触发因素不同，采取不同的风险可接受水平可能是恰当的，比如地震诱发的和降雨诱发的滑坡区可能需要采用不同的风险目标水平。

因此，风险可接受水平的确定不仅仅是一个成本和效益的分析问题，还需要从地质的角度进行更深入的分析和判断。

第3章　油气管道地质灾害防治技术

输油气管线在运营期往往受到沿线不同类型的地质灾害的威胁,沿线常见地质灾害类型主要有崩塌、滑坡、泥石流以及水毁等灾害。这些地质灾害对管道的安全运营造成了巨大的隐患,对管道沿线地质灾害的防治是油气管道运营维护工作的重要组成部分。油气管道地质灾害的防治应以"预防为主,防治结合"的原则,充分考虑治理工程的技术合理性、经济可行性及对环境的破坏等因素。本章主要介绍油气管道沿线不同类型地质灾害预防、工程设计要点及治理技术,包括理论介绍、计算分析以及实际案例等。

3.1　油气管道地质灾害预防

油气管道地质灾害的预防主要通过前期勘察选线尽量绕避来实现。前期勘察选线时,对建设场地区域内的滑坡、崩塌、泥石流、水毁等地质灾害进行统计和危险性评价,综合分析确定选线方案。

3.1.1　滑坡的预防

滑坡预防的主要措施是工程前期选线尽量避开滑坡发育地区,滑坡发育地区油气管道工程选定线应遵循"滑坡区避让为主,穿越为辅"的原则。

(1)对于地质条件复杂的大型、中型且现今仍有活动迹象的滑坡及滑坡群,选线时应远离避让。避开地形零乱、坡脚有地下水出露的,可能存在整体稳定性问题的潜在不稳定斜坡体。

(2)线路通过现状稳定的古滑坡或老滑坡时,宜避开易导致滑坡复活的部位。对于大型、中型的古滑坡或老滑坡,经详细调查,确认已经稳定并无复活条件时,可将管道敷设在滑坡前沿以外 3～5m 处,开挖管沟时不要伤及滑坡体前缘,也可以从滑坡后缘及以外3～5m处通过。尽量避免从滑坡体中通过,以免管道施工过程中诱发滑坡复活,或竣工后因其他人为工程活动引起滑坡复活。

(3)对于小型浅表层滑坡,整治的技术条件可行,经济合理时,可选择在有利于滑坡稳定的部位通过。若滑动面埋深 2m 以内,管道可敷设在滑坡前缘,但管道内侧需做抗滑护坡挡墙进行防护,也可将管道从滑坡中穿过,但需通过计算做抗滑处理措施,稳定滑坡,保护管道安全运营。

(4)由于地形条件,当管道线路无法避开滑坡体时,可采用隧道穿越滑坡体。在施工前应对滑坡体进行稳定性分析评价,以评估隧道施工对滑坡体的影响,隧道尽量靠近滑坡体上缘,以减少滑坡体对隧道顶部和侧部的下滑压力。

（5）在地貌、地质条件上具有滑坡产生条件或因管道建设可能产生滑坡的地段，应认真研究线路平面及断面的位置，确保坡体稳定。

（6）尽量减少管道横坡敷设长度，当必须横坡敷设时尽量选择管道在反向坡通过。

3.1.2　崩塌的预防

崩塌预防的主要手段是前期管道选线尽可能绕避，崩塌发育地区油气管道工程选定线应遵循"崩塌体（区）前沿通过，不宜后缘穿越"原则。

线路及附属设施宜绕避山高坡陡，岩层受节理裂隙切割严重，崩塌、危岩或危石密集分布的地段。当线路从崩塌灾害点通过时，线路及其附属设施宜避开崩塌体、崩塌落石直接冲击区和稳定性不足的崩塌堆积体。在地形地貌、地质条件上具有崩塌产生条件或因管道建设可能产生崩塌的地段，应认真研究线路平面及断面的位置，维护边坡稳定。

峡谷段沿河沟选线时，若峡谷段上方有 20～30m 陡崖，下部有十余米高的倒石堆到河边，多为崩塌段。在崩塌段管道只能敷设在倒石堆前沿，不能从后缘陡崖边穿过，因为陡崖还会不断坍塌，使管道可能发生悬空破坏。

从崩塌体前沿通过有两种方式：

（1）紧靠崩塌堆积体前沿，从下浮原始松散土层深埋通过，即使还有崩塌块石堆在管道顶上也不会伤及管道。这种方式施工比较困难，若方法不当，可能引起危岩体坍塌，如图 3.1（a）所示。

（2）紧靠河床边深埋通过，这种方式需做人工保护，防治河水冲刷造成管道悬空，如图 3.1（b）所示。

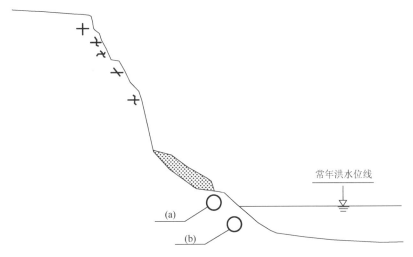

图 3.1　管道于崩塌体前沿敷设示意图

（a）敷设在堆积体前沿原始土层；（b）敷设在河床边原始稳定性地层中。

3.1.3　泥石流的预防

泥石流灾害预防的主要手段是管道前期选线绕避泥石流发育地区，当不得不穿越时，加强泥石流穿越地区的勘查工作。泥石流发育地区油气管道工程选定线应遵循"可沿沟口通过，切勿从堆积体中部穿越"的原则。

输油气管道通过泥石流堆积扇，一般有四种布线方式，即沿沟口、沿堆积体中部和堆积扇前沿布线及顺沟布设。其中，堆积体中部布线及顺沟布设的方式不可取，因为泥石流堆积体不稳定，且堆积厚度较大，一般都在 3m 以上，若将管道敷设在 3m 以下的原始土层中，工程量很大。若敷设在泥石流堆积体中，会增加管道被冲刷淘蚀以致出现露管、悬空的可能，所以管道不能从堆积体中通过，可考虑以下两种管道敷设方式。

（1）从泥石流沟口通过（图 3.2）。因为泥石流沟口是一个相对稳定区，冲淤都不明显，是泥石流堆积扇的起点。管道从泥石流沟口垂直其流动方向采用穿越或跨越方式通过，为防止冲刷，应确定适宜管道埋设的稳定层位，判断谷坡稳定性，提出相应的岩土工程防治措施。可在穿越管道下游修建固床坝，进一步加强管道顶部防护层，保护管道不受泥石流的危害。

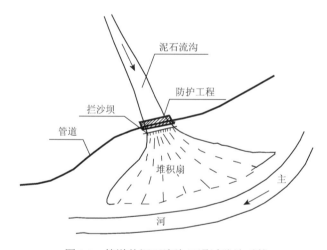

图 3.2　管道从泥石流沟口通过防治对策

（2）从泥石流堆积扇前沿通过（图 3.3）。若泥石流堆积扇前沿与主河床还有较大的距离，管道敷设在扇沿可不做水工保护。若泥石流堆积扇前沿紧邻主河床边，管道的敷设应考虑主河床的冲刷。管道应深埋至此段河床最大冲刷线以下，必要时还应采取稳管措施。

3.1.4　水毁的预防

水毁灾害的主要诱发因素是水，核心就是治水，需采取排水、隔水措施，防止坡体和岸坡被冲刷、侵蚀。常见的水毁灾害有三类，主要为台田地水毁、坡面水毁和河沟道水毁，

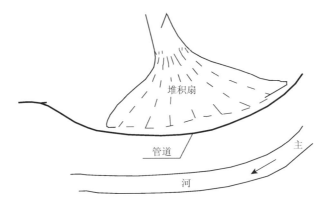

图 3.3　管道从泥石流堆积扇沿通过防治对策

水毁灾害的预防需从以下几个方面来考虑。

（1）截排水工程。此类措施主要是在灾害体外设置引地表水的截水沟和在灾害体内设置防止入渗和截集引出地表水的排水沟，对坡面水毁和台田地水毁较为实用，可以有效减少地表水对管道穿越段的冲刷，减少水土流失。

（2）支挡工程。此类措施主要为修筑砌石护坡，在坡面水毁和台田地水毁中应用较多，起到了防护作用。局部黄土地区也有用干打垒、麻袋代替浆砌石作为护坡措施。

（3）防冲工程。此类措施主要为防冲坎、护岸挡墙、护坦、淤土坝等，减少水流下蚀及侧蚀作用的影响，避免因水毁导致塌岸发生，在河沟道水毁中起到了保护管道安全的作用。

（4）回填工程。由于水毁灾害的成灾时间相对缓慢，有滞后效应，发现险情应及时对塌陷坑回填，阻止塌陷范围继续扩展，在台田地水毁灾害防治中应用广泛。

3.2　油气管道地质灾害治理工程设计要点

长输油气管道分布范围广阔，常穿越地形地质条件复杂的地区，而这些地区常常发育各种类型的地质灾害，威胁着管道的安全。因此，管道沿线常见地质灾害的治理设计对确保管道安全运营有重要作用。

3.2.1　崩塌治理工程设计要点

油气管道崩塌灾害防治工程在设计前，应对工程治理方案及油气管道改线方案进行初步判定，当无法改线或改线代价大于工程治理代价时，应进行防治工程设计。

崩塌治理工程设计前应取得下列资料：①工程区油气管道及相关构筑物资料；②崩塌勘查（察）资料；③施工技术、施工经验和施工条件资料；④同类崩塌工程的治理经验。

1. 设计工况

设计工况与安全系数应符合下列规定：
设计工况Ⅰ：自重，Ks 取值为 1.5～2.0。
设计工况Ⅱ：自重 + 地下水，Ks 取值为 1.3～1.7。
校核工况Ⅲ：自重 + 暴雨 + 地下水，Ks 取值为 1.1～1.5。
校核工况Ⅳ：自重 + 地震 + 地下水，Ks 取值为 1.1～1.5。

2. 崩塌（危岩）分类及稳定性计算

油气管道沿线的崩塌类地质灾害，按照崩塌（危岩）的力学成因可分成滑移式、倾倒式、拉裂式三种类型。

1）滑移式崩塌（危岩）

滑移式危岩岩性多为软硬相间的岩层，有倾向临空面的结构面，陡坡通常大于 55°，滑移面主要受剪切力，起始运动方式为滑移或坠落。滑移式危岩稳定性计算模型如图 3.4 所示，计算公式按式（3.1）计算。

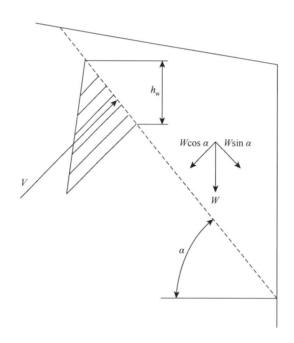

图 3.4 滑移式危岩稳定性计算（后缘无陡倾裂隙）

$$F = \frac{(W\cos\alpha - Q\sin\alpha - V)\mathrm{tg}\varphi + cl}{W\sin\alpha + Q\cos\alpha}$$ （3.1）

式中，V——裂隙水压力（kN/m）；

　　　Q——地震力（kN/m），式中地震水平作用系数取 0.05；

F——危岩稳定性系数;

c——后缘裂隙黏聚力标准值（kPa）；当裂隙未贯通时，取贯通段和未贯通段黏聚力标准值按长度加权的加权平均值，未贯通段黏聚力标准值取岩石黏聚力标准值的 0.4 倍；

φ——后缘裂隙内摩擦角标准值（°）；当裂隙未贯通时，取贯通段和未贯通段内摩擦角标准值按长度加权的加权平均值，未贯通段内摩擦角标准值取岩石内摩擦角标准值的 0.95 倍；

l——裂隙滑移面长度（m）；

α——滑面倾角（°）；

W——危岩体自重（kN/m）。

2）倾倒式崩塌（危岩）

倾倒式崩塌（危岩）主要指直立或陡倾坡内的岩层，多为垂直节理，受倾覆力矩作用，起始运动方式为倾倒。

若危岩的稳定性由后缘岩体抗拉强度控制时，其稳定性计算模型如图 3.5 所示，其计算公式按式（3.2）计算。

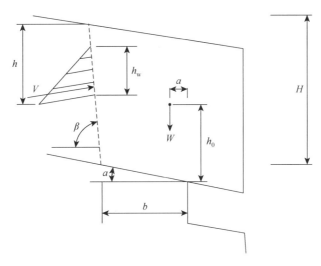

图 3.5　倾倒式危岩稳定性计算（由后缘岩体抗拉强度控制）

$$F=\frac{\dfrac{1}{2}f_{\mathrm{lk}}\dfrac{H-h}{\sin\beta}\left[\dfrac{2}{3}\dfrac{H-h}{\sin\beta}+\dfrac{b}{\cos\alpha}\cos(\beta-\alpha)\right]}{Wa+Qh_0+V\left[\dfrac{H-h}{\sin\beta}+\dfrac{h_{\mathrm{w}}}{3\sin\beta}+\dfrac{b}{\cos\alpha}\cos(\beta-\alpha)\right]} \tag{3.2}$$

危岩体重心在倾覆点之内时，按式（3.3）计算。

$$F=\frac{\dfrac{1}{2}f_{\mathrm{lk}}\dfrac{H-h}{\sin\beta}\left[\dfrac{2}{3}\dfrac{H-h}{\sin\beta}+\dfrac{b}{\cos\alpha}\cos(\beta-\alpha)\right]+Wa}{Qh_0+V\left[\dfrac{H-h}{\sin\beta}+\dfrac{h_{\mathrm{w}}}{3\sin\beta}+\dfrac{b}{\cos\alpha}\cos(\beta-\alpha)\right]} \tag{3.3}$$

式中，h——后缘裂隙深度（m）；

　　h_w——后缘裂隙充水高度（m）；

　　H——后缘裂隙上端到未贯通段下端的垂直距离（m）；

　　a——危岩体重心到倾覆点的水平距离（m）；

　　b——后缘裂隙未贯通段下端到倾覆点之间的水平距离（m）；

　　h_0——危岩体重心到倾覆点的垂直距离（m）；

　　f_{lk}——危岩体抗拉强度标准值（kPa），根据岩石抗拉强度标准值乘以 0.4 的折减系数确定；

　　α——危岩体与基座接触面倾角（°），外倾时取正值，内倾时取负值；

　　β——后缘裂隙倾角（°）。

若危岩的稳定性由底部岩体抗拉强度控制时，其稳定性计算模型如图 3.6 所示，按式（3.4）计算。

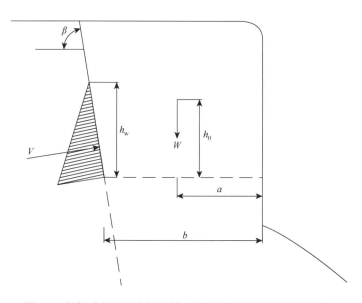

图 3.6　倾倒式危岩稳定性计算（由底部岩体抗拉强度控制）

$$F = \frac{\dfrac{1}{3} f_{lk} b^2 + Wa}{Q h_0 + V\left(\dfrac{1}{3}\dfrac{h_w}{\sin\beta} + b\cos\beta\right)} \qquad (3.4)$$

式中各符号意义同前。

3）拉裂式崩塌（危岩）

拉裂式危岩多见于软硬相间的岩层，多为风化裂隙和重力拉张裂隙，受力状态主要为拉力，起始运动方式为坠落。其稳定性计算模型如图 3.7、图 3.8 所示。

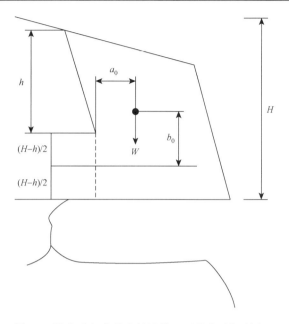

图 3.7 坠落式危岩稳定性计算（后缘有陡倾裂隙）

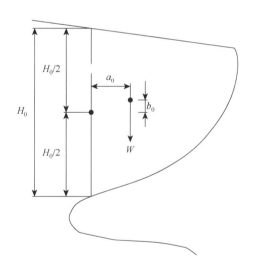

图 3.8 坠落式危岩稳定性计算（后缘无陡倾裂隙）

对后缘有陡倾裂隙的悬挑式危岩（图 3.7）按式（3.5）、式（3.6）计算，稳定性系数取两种计算结果中的较小值。

$$F = \frac{c(H-h) - Q\mathrm{tg}\varphi}{W} \tag{3.5}$$

$$F = \frac{\zeta f_{\mathrm{lk}}(H-h)^2}{Wa_0 + Qb_0} \tag{3.6}$$

式中，ζ——危岩抗弯力矩计算系数，依据潜在破坏面形态取值，一般可取 1/12～1/6，当潜在破坏面为矩形时可取 1/6；

a_0——危岩体重心到潜在破坏面的水平距离（m）；

b_0——危岩体重心到过潜在破坏面形心的铅垂距离（m）；

f_{lk}——危岩体抗拉强度标准值（kPa），根据岩石抗拉强度标准值乘以 0.20 的折减系数确定；

c——危岩体黏聚力标准值（kPa）；

φ——危岩体内摩擦角标准值（°）。

其他符号意义同前。

对后缘无陡倾裂隙的坠落式危岩（图 3.8）按式（3.7）、式（3.8）计算，稳定性系数取两种计算结果较小值。

$$F = \frac{cH_0 - Qtg\varphi}{W} \tag{3.7}$$

$$F = \frac{\zeta f_{lk} H_0^2}{Wa_0 + Qb_0} \tag{3.8}$$

式中，H_0——危岩体后缘潜在破坏面高度（m）；

f_{lk}——危岩体抗拉强度标准值（kPa），根据岩石抗拉强度标准值乘以 0.30 的折减系数确定。

其他符号意义同前。

3.2.2　滑坡治理工程设计要点

（1）滑坡防治工程设计前，应对滑坡治理方案及油气管道改线方案进行比选，当无法改线或改线投资大于滑坡工程治理时，应进行滑坡防治工程设计。

（2）滑坡防治工程设计前应取得下列资料：①工程区油气管道及相关构筑物资料；②滑坡勘察（查）资料；③施工技术和施工条件等资料；④同类滑坡工程的治理经验。

（3）设计工况。滑坡防治设计分为以下三种工况，应按工况Ⅰ和工况Ⅱ中的不利工况设计，按其余两种工况校核。①设计工况Ⅰ：自重；②校核工况Ⅱ：自重＋暴雨；③校核工况Ⅲ：自重＋地震。

（4）滑坡防治工程设计安全系数见表 3.1。

表 3.1　滑坡防治工程设计安全系数

防治工程等级	设计工况	安全系数 FSt
Ⅰ级	工况Ⅰ	1.30～1.35
	工况Ⅱ	1.15～1.20
	工况Ⅲ	1.10～1.20
Ⅱ级	工况Ⅰ	1.25～1.30
	工况Ⅱ	1.10～1.15
	工况Ⅲ	1.05～1.10

续表

防治工程等级	设计工况	安全系数 FSt
III级	工况 I	1.20～1.25
	工况 II	1.05～1.10
	工况III	1.02～1.05

注：1.滑坡防治工程设计安全系数应根据防治工程等级确定。

2. 滑坡防治工程设计可采用分级方法进行，即主体防治工程安全系数可取高值，附属或临时防治工程安全系数可取低值。

3. 滑坡防治工程设计应首先根据区域气象、地质特点以及地震特点，对各种工况出现的可能性进行分析，然后进行计算比较，以最不利工况作为设计工况采用。

3.2.3　泥石流治理工程设计要点

（1）油气管道工程的可行性研究阶段或初步设计阶段应进行泥石流调查或勘察工作，对管道通过泥石流沟、堆积扇的适宜性进行评价，并提出绕避或防治的措施和建议，作为防治工程设计的依据。

（2）应在勘察、评价、预测的基础上，考虑工程建设可能引起的新的泥石流，采取有效的预防措施。

（3）在泥石流发育地区，油气管道工程选线、防治措施选择应遵循下列原则：①应绕避中型以上规模泥石流沟谷的形成区和流通区，可采用穿越方式通过堆积区，勘察时应预测其横向扩展最大宽度，确定适宜管道埋设的稳定层位，加大管道埋深。②管道通过泥石流形成区、流通区时宜垂直其流动方向跨越通过，跨越基础应设置于泥石流沟以外；当需采用穿越方式时，应确定适宜管道埋设的稳定层位，判断谷坡稳定性，提出相应的防治措施。

（4）下列泥石流防治工程的设计应进行专门论证：①环境地质条件很复杂的防治工程；②防治工程施工将对已建油气管道安全运营要求发生重大冲突时；③治理工程下游有重要水利工程、城镇时；④泥石流活动性很强或已发生过严重事故的泥石流防治工程；⑤采用新型结构、新技术的防治工程。

（5）泥石流活动性分级、灾害等级、潜在危险性分级见表 3.2～表 3.5。

表 3.2　单沟泥石流活动性分级表

泥石流活动特点	灾情预测	活动性分级
能够发生小规模的极低至低频率泥石流或山洪	致灾轻微，不会造成重大灾害和严重危害	低
能够间歇性发生中等规模的泥石流，较易由工程治理所控制	致灾轻微，较少造成重大灾害和严重危害	中
能够发生大规模的高、中、低频率的泥石流	致灾较重，可造成大、中型灾害和严重危害	高
能够发生特大规模的高、中、低、极低频率的泥石流	致灾严重，来势凶猛，冲击破坏力大，可造成特大灾难和严重危害	极高

表 3.3　泥石流灾害危害性等级划分

危害性灾度等级*	死亡人数/人	直接经济损失/万元	危害性灾度等级*	死亡人数/人	直接经济损失/万元
特大型	>30	>1000	中型	10～3	500～100
大型	30～10	1000～500	小型	<3	<100

注：*灾度等级的两项指标不在一个级次时，按从高原则确定灾度等级。

表 3.4　泥石流潜在危险性分级表

潜在危险性等级*	直接威胁人数/人	直接经济损失/万元	潜在危险性等级*	直接威胁人数/人	直接经济损失/万元
特大型	>1000	>10000	中型	500～100	5000～1000
大型	1000～500	10000～5000	小型	<100	<1000

注：*潜在危险性等级的两项指标不在一个级次时，按从高原则确定灾度等级。

表 3.5　泥石流防治主体工程设计标准

防治工程安全等级	降雨强度	拦挡坝抗滑安全系数		拦挡坝抗倾覆安全系数	
		基本荷载	特殊荷载	基本荷载	特殊荷载
一级	100 年一遇	1.20	1.05	1.60	1.30
二级	50 年一遇	1.15	1.03	1.50	1.25
三级	30 年一遇	1.10	1.02	1.40	1.20
四级	10 年一遇	1.05	1.01	1.30	1.15

（6）泥石流治理原则。①以流域为单元进行生物措施与工程治理相结合的综合治理，重点围绕油气管道通过的地段进行治理。根据泥石流活动的时、空特点，采用不同的防治工程，以减轻或化解泥石流的成灾因素。②在形成区应以抑制泥沙产生为主，常用的措施有：恢复植被、建造多树种多层次的立体防护林、坡面截水沟、沟谷区的拦沙坝、导流堤、护岸、护底工程等。③在流通区应以疏导为主，保证流路通畅。主要措施是导流和护岸、护底、清障。在地形较好的地区，可采用拦挡措施，以达到减沙、减势、控制水沙下泄量、控制流路的效果。拦挡工程有：实体重力坝和格栅坝、停淤场、导流堤、坝下的护岸、护底等。④对规模巨大、势能大的泥石流，宜采取避让措施或防冲措施。如平面绕避改道、立面绕避，采用防冲墙、坝等。

3.2.4　水毁治理工程设计要点

（1）水毁灾害防治工程应在调查、风险评价和排序的基础上立项开展。

（2）水毁灾害防治工程设计可划分为初步设计和施工图设计两个阶段，对于大型水毁防治工程设计宜完成全部阶段。一般水毁和应急治理工程可优化设计阶段直接进入施工图设计阶段。

（3）大型水毁应在勘察的基础上进行初步设计和施工图设计；一般水毁防治工程应在勘察的基础上完成施工图设计。

（4）水毁防治工程设计标准。水毁灾害防治工程的水灾危害类型、后果等因素可按表 3.6 进行综合划分。

表 3.6　水毁灾害防治工程分级表

级别	I	II	III
危害对象及程度	1. 直接危害管道及站场、阀室等重要设施，并可能造成生产中断； 2. 高后果区水毁	直接危害管道及站场、阀室、伴行路等重要设施，但一般不会造成生产中断	间接危害管道及站场、阀室、伴行路等重要设施

注：高后果区参照 Q/SY 1180.2 执行。

3.3　崩塌治理措施

崩塌治理措施主要针对危岩落石，分为主动治理工程措施和被动治理工程措施，根据灾害体规模、场地条件、施工条件等综合确定治理措施。

3.3.1　危岩主动治理工程措施

实施危岩主动治理要有施工条件和安全条件，主体措施为岩体锚固和崖面防护，通用措施有清危、补缝及凹腔封顶。

1. 岩体锚固

锚固用于较完整的危岩体，常用砂浆锚杆和预应力锚固，锚固工程要根据危岩的失稳模式按极限平衡理论进行设计计算。锚点要随机布置于危岩块中，不能按机械的统一间距方格状系统布置，要避免布于危岩边部，更不能设于裂缝中或危岩块边缘甚至危岩体外（图 3.9）。

图 3.9　砂浆锚杆

2. 崖面防护

用于防护较破碎的危岩体，主要有 SNS 主动网等。其主要特征构成分为钢丝绳网、钢丝格栅和高强度钢丝格栅三类。前两者通过钢丝绳锚杆和支撑绳固定方式，后者通过钢筋（可施加预应力）和钢丝绳锚杆（有边沿支撑绳时采用）、锚垫板以及必要时的边沿支撑绳等固定方式，将作为系统特征构成的柔性网覆盖在有潜在地质灾害的坡面上，从而实现其防护目的（图3.10）。

图 3.10　主动网

主动网按其防护功能、防护能力、特征构成和结构形式的不同分为四类八种型号如表3.7所示。

表 3.7　常用主动网结构配置及防护功能

型号	网型	结构配置	主要防护功能
GAR1	钢丝绳网	边沿（或上沿）钢丝绳锚杆＋支撑绳＋缝合绳	围护作用，限制落石运动范围，部分抑制崩塌的发生
GAR2	钢丝绳网	系统钢丝绳锚杆＋支撑绳＋缝合绳，孔口凹坑＋张拉	坡面加固，抑制崩塌和风化剥落、溜坍的发生，限制局部或少量落石运动范围
GPS1	钢丝绳网＋钢丝格栅	同 GAR1	同 GAR1，有小块落石时选用
GPS2	钢丝绳网＋钢丝格栅	同 GAR2	同 GAR2，有小块危石或土质边坡时选用
GER1	钢丝格栅	同 GAR1 但用铁线缝合	同 GAR1，但落石块体较小且寿命要求较短时选用，以碎落防护为主
GER2	钢丝格栅	同 GAR2 但用铁线缝合	同 GAR2，但危石块体较小且寿命要求较短时采用

续表

型号	网型	结构配置	主要防护功能
GTC-65A	高强度钢丝格栅	预应力钢筋锚杆＋孔口凹坑＋缝合绳（根据需要选用边界支撑绳和钢丝绳锚杆）	同 GPS2，能满足可达 100 年或更长的防腐寿命要求，但其加固能力仅为其 70%～80%，不适合于体积大于 1m³ 大块孤危石加固
GTC-65B	高强度钢丝格栅	同 GAR1	同 GAR1，能满足可达 100 年或更长的防腐寿命要求，但不适合于体积大于 1m³ 大块落石防护

3. 清危与补缝

此为通用措施。对挑悬、孤立、松动的危石用人工清除（图 3.11），并采用临时安全防护措施保障施工安全。由于施工安全和爆破震动，慎用爆破清危。

图 3.11　人工清危

对张拉裂缝用水泥砂浆填补，裂缝填补前应尽量清缝并满灌。

4. 凹腔封顶

对崖脚或崖面凹腔进行嵌补支顶的措施有墙（图 3.12）、立柱、挑梁等，可防止凹腔进一步风化剥落，还可防止探头危岩坠落、滑塌。支顶后，可能的失稳模式一般会由坠落、滑塌转化为倾倒，但此时的抗倾力矩大增，不易失稳。

3.3.2　危岩被动防护工程措施

危岩落石的被动防护要有空间条件，被动防护工程多设置于远离陡崖的缓坡区，油气管道工程崩塌防治被动防护措施一般包括被动防护网、拦石墙、缓冲层等。

图 3.12　嵌补支顶墙

1. 被动防护网

被动网的防护能级宜为 150～2000kJ，应根据危岩落石的运动能量选择适当防护能量、结构形式的被动网（图 3.13）。

图 3.13　被动防护网

常用的被动网结构配置及防护功能见表 3.8。

表 3.8　常用被动网结构配置及防护功能

型号	网型	结构配置	防护功能
RX-025	DO/08/250	钢柱＋支撑绳＋拉锚系统＋缝合绳＋减压环	拦截撞击能 250kJ 以内的落石
RX-050	DO/08/200	同 RX-025	拦截撞击能 500kJ 以内的落石
RX-075	DO/08/150	同 RX-025	拦截撞击能 750kJ 以内的落石

续表

型号	网型	结构配置	防护功能
RXI-025	R5/3/300	钢柱＋支撑绳＋拉锚系统＋缝合绳	同 RX-025
RXI-050	R7/3/300	同 RXI-025	同 RX-050
RXI-075	R7/3/300	同 RX-025	同 RX-075
RXI-100	R9/3/300	同 RX-025	拦截撞击能 1000kJ 以内的落石
RXI-150	R12/3/300	同 RX-025	拦截撞击能 1500kJ 以内的落石
RXI-200	R19/3/300	同 RX-025	拦截撞击能 2000kJ 以内的落石
AX-015	DO/08/250	同 RX-025	拦截撞击能 150kJ 以内的落石
AX-030	DO/08/200	同 RX-025	拦截撞击能 300kJ 以内的落石
AXI-015	R5/3/300	同 RXI-025	同 AX-015
AXI-030	R7/3/300	同 RX-025	同 AX-030
CX-030	DO/08/200	同 RX-025	同 AX-030
CX-050	DO/08/150	同 RX-025	同 RX-050
CXI-030	R7/3/300	同 RXI-025	同 AX-030
CXI-050	R7/3/300	同 RX-025	同 RX-050

　　注：型号中数字代表被动防护网的能量吸收能力。如"050"表示系统最大能量吸收能力为 500kJ，"150"表示系统最大能量吸收能力为 1500kJ，以此类推。

2. 拦石墙

　　拦石墙适用于坡度小于 25°～35°，且有一定宽度的地表平台的危岩地段。拦石墙（堤）可用块石砌筑，也可采用桩板式结构，其顶宽不小于 2m。墙背缓冲堤应分层填筑，压实系数不小于 0.85，并应保证自身稳定。必要时可用加筋土，表面可用片石护坡（图 3.14、图 3.15）。拦石墙（堤）厚度及高度由危岩块落石弹跳轨迹及落石冲击力确定，必要时进行专项设计。

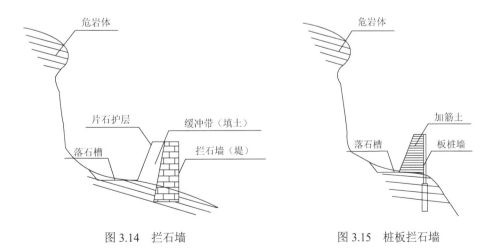

图 3.14　拦石墙　　　　　　　　　　图 3.15　桩板拦石墙

3. 管道上部缓冲层

管道通过崩塌落石区时可通过在管道上部填筑缓冲层降低落石对管道的冲击力。崩塌落石的冲击力及缓冲土层应按式（3.9）～式（3.12）计算。

$$Z = V\sqrt{\frac{Q}{2g\gamma F}}\sqrt{\frac{1}{2\tan^4\left(45° + \dfrac{\varphi}{2}\right) - 1}} \tag{3.9}$$

$$P = P_{(Z)}F = 2\gamma Z\left[2\tan^4\left(45° + \frac{\varphi}{2}\right) - 1\right]F \tag{3.10}$$

$$F = \pi R^2 \tag{3.11}$$

$$R = \sqrt[3]{\frac{3Q}{4\pi\gamma_1}} \tag{3.12}$$

式中，P——落石冲击力（kPa）；

$P_{(Z)}$——落石冲击缓冲层后陷入缓冲层的单位阻力（kPa）；

Z——落石冲击的陷入深度（m）；

V——落石块体接触缓冲层时的冲击速度（m/s）；

Q——石块重量（kN）；

γ——缓冲层重度（kN/m³）；

g——重力加速度（9.80m/s²）；

φ——缓冲层内摩擦角（°）；

F——落石等效球体的截面积（m²）；

γ_1——落石重度（kN/m³）；

R——落石等效球体的半径（m）。

缓冲层结构要求应符合下列规定：

（1）缓冲层厚度应大于落石冲击的陷入深度。

（2）地面以上缓冲层应保证自身稳定，且高度不宜超过 5m。

（3）缓冲层宜采用粉质黏土、黏土或碎石土等材料填筑。

（4）缓冲层顶面宜设置成顺落石运动方向的斜坡。

（5）缓冲层填土密实度不应小于 0.85。

（6）缓冲层顶应设计保护层，保护层厚度不宜小于 0.5m。

3.3.3 工程实例（某输油管道四川段崩塌）

1. 危岩体分布及形态特征

工程区危岩沿斜坡中上部基岩陡坡形成的危岩带展布，其危岩带的各个危岩体在形态上呈点、面状分布。危岩带坡向 333°～355°，长约 70m，宽 3～12m，斜长 20～25m，厚 3～5m，相对高差 4～10m，地形坡度 55°～70°，估算危岩体总方量约 2800m³（图 3.16）。

图 3.16　裂隙与岩层外貌

　　危岩带主要由大块状岩体组成，长 1～5m，宽 0.5～3m，厚 1～4m，危岩体最大体积约 60m³，距离坡脚冲沟 70～105m，相对最大高差约 90m。危岩体岩性为厚层-巨厚层状强-中风化砂岩夹薄层泥岩，岩层产状 155°∠36°，为一逆向坡，主要发育裂隙有三组，裂隙产状分别为 350°∠55°、27°∠30° 和 78°∠80°，这三组裂隙与岩层层面裂隙将岩体切割成楔形块状（图 3.17），加之差异风化影响，导致危岩体下部出现凹岩腔，凹岩腔高 1.1～2.5m，深 0.9～1.5m，多呈悬空状态，近期产生崩落可能性大，上部岩体呈半脱离状态，受后缘陡倾裂隙控制。该处危岩体较破碎，呈大小不等的碎块状岩块，裂隙发育较密集，岩体块径相对不大，各危岩块体总体倾向坡外，可能的崩落方式为坠落，以块石为主，次为碎石，主崩方向 355°，正对坡体中下部输油管道，最大崩落高度约 90m（表 3.9）。

图 3.17　裂隙与岩层外貌

表3.9 危岩体主要结构面统计表

名称	编号	产状	间距	张开宽度	充填情况	延伸长度
边坡	P	333°～355°∠30°～72°	/	/	/	/
岩层面	④	155°∠36°	/	/	/	/
构造裂隙①	①	350°∠55°	0.5～3m	1～60mm	粉黏粒及岩屑角砾充填	延伸较长,切层,主控裂隙
构造裂隙②	②	78°∠80°	0.5～2.5m	1200mm	粉黏粒及岩屑角砾充填	近垂直破裂面,延伸较长,切层,主控裂隙
构造裂隙③	③	27°∠30°	0.2～1.5m	1～20mm	粉黏粒及岩屑角砾充填	延伸长,切层

2. 崩塌堆积体分布及形态特征

该崩塌点在2017年7月5日受强降雨影响发生崩塌,崩塌堆积体主要沿主崩方向坡面堆积。主要为滚落的块石、碎石。

已发生崩塌区,长约10m,宽约10m,厚约5m,总方量约500m³。堆积体主要堆积于斜坡中上部(图3.18),由碎块石组成,较大块石块径1.5～3.7m,堆积体长约20m,宽约12m,坡度约35°,经估算堆积体总方量约300m³。斜坡中部(图3.19)主要堆积少量滚落块石,石块径0.7～1.2m,少量块石滚落至坡脚冲沟。

图3.18 残留于斜坡上部的崩落体　　　图3.19 堆积于斜坡中部的崩落体

3. 危岩破坏方式

根据调查资料可知,工程区崩塌(危岩)的破坏方式主要有坠落式、倾倒式、滑塌式三种模式,如图3.20所示。

4. 危岩带稳定性评价

危岩带分布于斜坡顶部及上部区域,崩塌发生后,坡面上的部分危岩体向下发生崩落,目前在该区内仍有危岩体分布,崩塌再次发生的可能性较大,从而对坡体下方的管道造成威胁,宏观判定危岩带在自然条件下处于基本稳定状态。

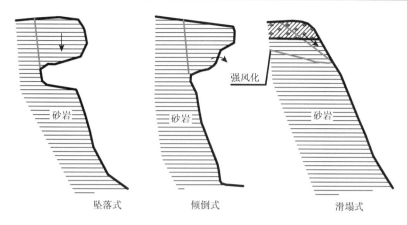

图 3.20　危岩体破坏方式示意图

5. 崩塌堆积体稳定性评价

目前崩塌共形成的崩坡积块石堆积区主要分布在坡体中上部,主要为滚落的块石。块石体积最大的达 10m³ 以上。目前这些块石整体处于基本稳定状态,但如果在外力作用下,如在雨水冲刷、地震等不利条件作用下极易再次失稳。

6. 岩土物理力学参数分析与评价

中风化砂岩抗拉强度标准值为自然:$f_{lk} = 14.55\text{MPa}$,饱和:$f_{lk} = 8.70\text{MPa}$。
中风化砂岩抗剪强度标准值为自然:$c = 5.3$ MPa,$\varphi = 40.43°$;饱和:$c = 2.8$ MPa,$\varphi = 39.43°$。

7. 计算工况的选取

危岩的计算工况一般为以下三种。
工况①:自然状态。
工况②:自然状态 + 暴雨。
工况③:自然状态 + 地震。

8. 坠落式危岩稳定性计算

参照本章内容,坠落式危岩稳定性计算结果见表 3.10。

表 3.10　稳定系数计算表

项目	计算工况		
	自然工况	自然 + 暴雨工况	自然 + 地震工况
稳定性系数	1.67	1.26	1.17

9. 治理工程方案

治理工程的总体方案为"主动防护网 + 凹腔嵌补 + 锚杆"。对危岩带整体采用 SPIDER 主动防护网进行危岩加固。主动网支护长度约 95m，支护高度 13.0～16.0m。支护面积约 1900m²。主动网锚杆锚筋采用 $1\phi25$HRB400 螺纹钢筋，长 3.0～6.0m，倾角 20°，锚杆梅花形布置，水平间距 3.0m，竖向间距 3.0m。

危岩带下方发育带状凹岩腔，采用 C25 混凝土进行封填。凹腔底部 1∶0.1 或采取台阶状态开挖后采用 C25 混凝土进行封填，并设置 $\phi50$pvc 泄水孔。封填凹腔长度约 50m，深 0.3～2.2m，高 0.5～4.4m，方量约 90m³，实际方量以施工为准。

对危岩采用锚杆进行锚固，锚杆锚固体直径 110mm，单根锚杆长 8.0m，入射角 20°，锚筋采用 $2\phi25$HRB400 螺纹钢筋。锚杆正方形或梅花形布置，间距 2.0m，共 68 根。

3.4　滑坡治理措施

管道沿线滑坡的治理一般采用截排水工程、减载反压、抗滑桩、锚杆、预应力锚索、格构锚固、锚拉桩、重力式抗滑挡墙等措施。

3.4.1　截排水工程

水是影响滑坡稳定性最为重要的因素之一，通常在滑坡防治总体方案基础上需进行截排水工程设计，并应结合工程地质、水文地质条件及降雨条件，制定地表截排水、地下截排水或二者相结合的方案。地表截排水工程的设计标准，应根据防护对象等级所确定的防洪标准确定。当滑坡体上存在地表水体且无法疏干时，应进行防渗处理，并与拟建截排水系统衔接。应根据滑动面状况、滑坡所在山坡汇水范围内的含水层与隔水层水文地质结构及地下水动态特征，选用隧洞排水、钻孔排水或盲沟排水等地下截排水工程方案。截排水沟断面形状宜优先考虑梯形、矩形。

1. 地表截排水工程汇水流量计算

应根据滑坡的规模、范围及其重要程度，准确、合理地选定地表截排水工程设计标准。地表截排水工程的设计频率地表汇水流量计算，可按式（3.13）计算。

$$Q_{\mathrm{P}} = 0.278\varphi S_{\mathrm{p}}F / \tau^n \tag{3.13}$$

式中，Q_{P}——设计频率地表汇水流量（m³/s）；

　　　S_{P}——设计降雨强度（mm/h）；

　　　τ——流域汇流时间（h）；

　　　φ——径流系数；

　　　n——降雨强度衰减系数；

F——汇水面积（km^2）。

当缺乏必要的流域资料时，可按式（3.14）、式（3.15）计算。

当 $F \geqslant 3km^2$ 时

$$Q_P = \varphi S_P F^{2/3} \tag{3.14}$$

当 $F < 3km^2$ 时

$$Q_P = \varphi S_P F \tag{3.15}$$

2. 地表排水工程水力设计

应首先对排水系统各主、支沟段控制的汇流面积进行分割计算，并根据设计降雨强度和校核标准分别计算各主、支沟段汇流量和输水量。在此基础上，确定排水沟断面或校核已有排水沟过流能力。

（1）排水沟过流量按式（3.16）计算

$$Q = WC\sqrt{Ri} \tag{3.16}$$

式中，Q——过流量（m^3/s）；

R——水力半径（m）；

i——水力坡降；

W——过流断面面积（m^2）；

C——流速系数（m/s），宜采用式（3.17）计算：

$$C = R^{1/6} / n \tag{3.17}$$

式中，R——水力半径（m）；

n——糙率。

（2）当排水沟材料为刚性时，n 的取值可采用现行行业标准《溢洪道设计规范》（DL/T5166—2002）、《渠道防渗工程技术规范》（SL18—2010）的推荐数值。

（3）排水沟弯曲段的弯曲半径应不小于最小容许半径及沟底宽度的 5 倍。最小容许半径可按式（3.18）计算：

$$R_{min} = 1.1v^2 A^{1/2} + 12 \tag{3.18}$$

式中，R_{min}——最小容许半径（m）；

v——沟道中水流流速（m/s）；

A——沟道过水断面面积（m^2）。

3.4.2　减载反压

采用削方减载或前缘回填反压这种治理方案时应结合滑坡环境整治进行土方平衡计算，对弃方进行合理规划，因势利导保持水系畅通。此法虽简便易行，但下列情况不宜采用削方减载或前缘回填反压：①对拟建或相邻建（构）筑物有不利影响的削方减载或前缘回填反压工程；②地下水发育的滑坡；③牵引式滑坡。

1. 设计要求

（1）削方减载及前缘回填反压设计应依据控制剖面，结合滑坡稳定性评价，确定削方部位和削方量，并满足设计工况及安全系数要求。

（2）设计计算应考虑管道施工条件对滑坡的扰动及施工荷载影响。

2. 构造设计

（1）滑坡外围应设截水沟，坡面、水平台阶应设排水沟，当滑体表层有积水湿地、地下水渗出或地下水露头时，宜设置排水孔、排水明沟、盲沟、钻孔排水等导排措施。

（2）当削方高度较大时（土质边坡高度大于 8m，岩质边坡高度大于 15m 时），宜设置单级或多级平台，平台宽度宜为 2.0～3.0m，坡面宜植草绿化。

（3）前缘回填反压应在滑坡体抗滑段实施，并应分层碾压、夯实，分层厚度一般为300mm，压实系数应不小于 0.85，对于渗透性较大的填料，表层应进行防水处理。

（4）库（江）水位变动带的回填反压应对回填体进行地下水渗流和库岸防冲刷处理，坡脚和坡面应设置脚墙、反滤层和防冲护坡。

3. 施工

（1）削方减载施工开挖应自上而下有序进行，并应保证弃土、弃渣的有序运输及堆放。

（2）在雨季施工时应做好临时截排水措施。

（3）削方减载应分段、分层开挖，及时护坡，护坡工程完成方可开挖下一平台，严禁一次开挖到底。根据岩土体实际情况，分段工作高度宜为 3～8m。当采用机械开挖时，应预留 0.5～1.0m 的保护层，人工开挖至设计位置。

（4）采用爆破方法进行削方减载时，应调查周围环境，评估爆破飞石对周围环境的影响。

（5）前缘回填土石料选取宜因地制宜，严禁在滑体中前部取土。

3.4.3 抗滑桩

1. 设计要求

（1）抗滑桩适用于滑动面埋深小于 25m，桩长小于 35m 的滑坡治理。

（2）抗滑桩中心间距宜为 5～8m，嵌固长度宜为桩长的 1/3～2/5。为了防止滑体从桩间挤出，可在土质滑体的桩间设置挡板或浆砌石挡墙，宜按桩间土的水平土压力进行设计。

（3）抗滑桩截面形状以矩形为主，截面短边长度不宜小于 1.0m；当滑坡推力方向难以确定时，应采用圆形桩，桩间中心距宜为 2~4m，截面直径宜为 0.8~1.6m。

（4）当桩顶位移不满足要求或桩身弯矩过大时，宜采用锚拉桩，嵌固长度应不小于桩长的 1/5。

（5）抗滑桩后无构筑物时桩顶位移宜控制在 10cm 以内，有构筑物时宜控制在 5cm 以内。

（6）埋入式抗滑桩应进行越顶验算，嵌固端位于土层时还应进行深层滑动验算。

（7）抗滑桩应按受弯构件设计，荷载宽度应按其相邻两桩之间距离的一半计算；承重阻滑桩应依据现行行业标准《建筑桩基技术规范》（JGJ94—2008）进行桩基竖向承载力、桩基沉降、水平位移和挠度验算，且应考虑地面附加荷载对桩的影响。

（8）作用在挡土板上的荷载宽度可按板的计算跨度计算，桩间挡土板上的压力可按全部岩土体压力或部分岩土体压力计算。

2. 设计计算

抗滑桩设计应考虑滑坡体自重、孔隙水压力、渗透压力、地震力等荷载。抗滑桩所受滑坡推力可根据滑体的性质和厚度，按三角形、矩形或梯形分布计算。滑坡推力应依据滑坡滑动面类型选用相应的推力计算公式。抗滑桩应进行桩前土压力计算。当被动土压力小于滑坡剩余抗滑力时，桩的阻滑力按被动土压力考虑。被动土压力按式（3.19）计算：

$$E_p = \frac{1}{2} \gamma_1 h_1^2 \tan^2(45° + \varphi_1 / 2) \qquad (3.19)$$

式中，E_p——被动土压力（kN/m）；

　　　γ_1、φ_1——分别为桩前岩土体的容重（kN/m³）和内摩擦角（°）；

　　　h_1——抗滑桩受荷段长度（m）。

布置于库（江）水位中的抗滑桩可不考虑滑体前缘的抗力，但应进行嵌固段侧压力验算。

抗滑桩受荷段桩身内力应根据滑坡推力和阻力计算，嵌固段桩身内力根据滑面处的弯矩和剪力按地基弹性的抗力地基系数（K）计算，可按式（3.20）简化计算：

$$K = m(y + y_0)^n \qquad (3.20)$$

式中，m——地基系数随深度变化的比例系数；

　　　n——随岩土类别变化的常数，如 0、0.5、1、…；

　　　y——嵌固段距滑带深度（m）；

　　　y_0——与岩土类别有关的常数（m）。

地基系数与滑床岩体性质相关，可概括为下列三种情况：

（1）K 法，地基系数为常数 K，即 $n = 0$。滑床为较完整的岩体。

（2）m 法，地基系数随深度呈线性增加，即 $n = 1$。可简化为 $K = my$。滑床为硬塑-半坚硬的砂黏土、碎石土或风化破碎成土状的软质岩层。

（3）当 $0<n<1$ 时，K 值随深度为外凸的抛物线变化，按这种规律变化的计算方法通常称为 C 法；当 $n>1$ 时，K 值随深度为内凸的抛物线变化。

第三种情况应通过现场试验确定。抗滑桩地基系数的确定可简化为 K 法和 m 法两种情况。

抗滑桩嵌固段桩底支承根据滑床岩土体结构及强度，可采用自由端、铰支端或固定端。当滑床地层为较完整岩体时，抗滑桩的稳定性可依据式（3.21）判定：

$$\sigma_{\max} \leqslant \rho_1 R \tag{3.21}$$

式中，$\sigma_{\max}$——嵌固段围岩最大侧向压力值（kPa）；

ρ_1——折减系数，取决于岩土体裂隙、风化及软化程度，沿水平方向的差异性等，一般为 0.1～0.5；

R——岩石单轴抗压极限强度（kPa）。

当滑床地层为土体或严重风化破碎岩层时，抗滑桩的稳定性可依据式（3.22）判定：

$$\sigma_{\max} \leqslant \rho_2(\sigma_{\mathrm{p}} - \sigma_{\mathrm{a}}) \tag{3.22}$$

式中，ρ_2——折减系数，取决于土体结构特征和力学强度参数的精度，宜取值为 0.5～1.0；

σ_{p}——桩前岩土体作用于桩身的被动土压应力（kPa）；

σ_{a}——桩后岩土体作用于桩身的主动土压应力（kPa）。

抗滑桩嵌固段的极限承载能力与桩的弹性模量、截面惯性矩和地基系数相关。进行内力计算时，应判定抗滑桩属刚性桩还是弹性桩，以选取适当的内力计算公式。

（1）当地基系数为常数时，宜按 K 法计算，当 $\beta_{h_2} \leqslant 1.0$，属刚性桩；当 $\beta_{h_2}>1.0$，属弹性桩。其中 β 为桩的变形系数（m^{-1}），其值按式（3.23）计算：

$$\beta = (KB_{\mathrm{p}} / 4EI)^{1/4} \tag{3.23}$$

式中，K——地基系数（kN/m^3）；

B_{P}——桩正面计算宽度（m），矩形桩 $B_{\mathrm{P}} = B + 1$，圆形桩 $B_{\mathrm{P}} = 0.9(B + 1)$；

E——桩弹模（kPa）；

I——桩截面惯性矩（m^4）。

（2）当地基系数为三角形分布时，宜按 m 法计算，当 $a_{h_2} \leqslant 1.0$，属刚性桩；$a_{h_2}>2.5$，属弹性桩。其中 a 为桩的变形系数（m^{-1}），其值按式（3.24）计算：

$$a = (mB_{\mathrm{p}} / EI)^{1/5} \tag{3.24}$$

当滑坡对抗滑桩产生的弯矩过大时，可采用预应力锚拉桩。桩身可按弹性桩计算，但根据施加预应力的大小，抗滑桩配筋与上两种桩型明显不同。

矩形抗滑桩纵向受拉钢筋配置数量应根据弯矩图分段确定，其截面积按式（3.25）或式（3.26）计算。

$$A_{\mathrm{s}} = \frac{K_1 M}{\gamma_{\mathrm{s}} F_{\mathrm{y}} h_0} \tag{3.25}$$

或

$$A_{\mathrm{s}} = \frac{K_1 \xi f_{\mathrm{cm}} b h_0}{f_{\mathrm{y}}} \text{ 且要求满足 } \xi \leqslant \xi_{\mathrm{b}} \tag{3.26}$$

式中，f_y——受拉钢筋抗拉强度设计值（N/mm²）

$\quad\quad f_{cm}$——混凝土弯曲抗压强度设计值（N/mm²）；

$\quad\quad h_0$——抗滑桩截面有效高度（mm）；

$\quad\quad b$——抗滑桩截面宽度（mm）；

$\quad\quad M$——抗滑桩设计弯矩（N·mm）。

$\quad\quad K_1$——抗滑桩受弯强度设计安全系数，取 1.05。

$\quad\quad A_s$——纵向受拉钢筋截面面积（mm²）；

$\quad\quad \gamma_s$——内力臂系数；

$\quad\quad \xi$——高度系数。

当采用直径 $d \leqslant 25$mm 的 II 级螺纹钢时，相对界限受压区高度系数 $\xi_b = 0.544$；当采用直径 $d = 28 \sim 40$ 的 II 级螺纹钢时，相对界限受压区高度系数 $\xi_b = 0.566$。

a_s、ξ、γ_s 计算系数可根据式（3.27）～式（3.29）确定：

$$a_s = \frac{K_1 M}{f_{cm} b h_0^2} \tag{3.27}$$

$$\xi = 1 - \sqrt{1 - 2a_s} \tag{3.28}$$

$$\gamma_s = \frac{1 + \sqrt{1 - 2a_s}}{2} \tag{3.29}$$

式中，a_s——截面的弹塑性抵抗距系数。

矩形抗滑桩应根据斜截面抗剪强度验算确定箍筋的配置。按式（3.30）计算：

$$V_{cs} = \alpha_{cv} f_c b h_0 + f_{yv} \frac{A_{sv}}{S} h_0 \tag{3.30}$$

且要求满足条件：

$$0.25 f_c b h_0 \geqslant K_2 V \tag{3.31}$$

式中，V——抗滑桩设计剪力（N）；

$\quad\quad V_{cs}$——抗滑桩斜截面上混凝土和箍筋受剪承载力（N）；

$\quad\quad f_c$——混凝土轴心抗压设计强度值（N/mm²）；

$\quad\quad \alpha_{cv}$——截面混凝土受剪承载力系数，一般取值为 0.7；

$\quad\quad f_{yv}$——箍筋抗拉设计强度设计值（N/mm²），取值不大于 310N/mm²；

$\quad\quad h_0$——抗滑桩截面有效高度（mm）；

$\quad\quad b$——抗滑桩截面宽度（mm）；

$\quad\quad A_{sv}$——配置在同一截面内箍筋的全部截面面积（mm²）；

$\quad\quad S$——抗滑桩箍筋间距（mm）；

$\quad\quad K_2$——抗滑桩斜截面受剪强度设计安全系数，取 1.10。

抗滑桩地面处的水平位移不宜大于 10cm，侧壁应力不应大于地层的横向容许承载力。挡土板应按现行国家标准《混凝土结构设计规范》（GB50010—2010）（2015 年版）计算。荷载分项系数应取 1.35。无特殊要求的抗滑桩可不做最大裂缝宽度验算，在腐蚀性环境作用下，应进行最大裂缝宽度验算，挡土板应做最大裂缝宽度验算。

3. 构造要求

（1）为保护环境，桩顶不宜高于原地面，但应保证滑坡体不越过桩顶；当有特殊要求时，桩顶可高于地面。

（2）桩身混凝土可采用普通混凝土，桩身及挡土板的强度等级不宜低于 C30。当施工许可时，也可采用预应力混凝土。地下水或环境土有侵蚀性时，水泥应按有关规定选用。

（3）纵向受拉钢筋宜采用 HRB400，最小搭接长度应满足现行国家标准《混凝土结构设计规范》（GB50010—2010）的规定。

（4）纵向受拉钢筋直径宜大于 16mm。净距宜为 120～250mm。采用束筋时，每束不宜多于 3 根。当配置单排钢筋有困难时，可设置两排或三排，排距宜控制在 120～200mm。受力主筋混凝土保护层不应小于 50mm，挡板受力主筋混凝土保护层不应小于 25mm，临空一侧不应小于 20mm。

（5）纵向受拉钢筋的截断点应在按计算不需要该钢筋的截面以外。

（6）桩内不宜配置弯起钢筋，可采用调整箍筋的直径、间距和桩身截面尺寸等措施，以满足斜截面的抗剪强度。

（7）箍筋宜采用封闭式，其直径为 10～16mm，间距应小于 300mm。

（8）钢筋应采用焊接、螺纹或冷挤压连接，接头类型以对焊、帮条焊和搭接焊为主；当受条件限制，必须在孔内制作时，纵向受力钢筋应以对焊或螺纹连接为主。

（9）桩的两侧和受压边应配置纵向构造钢筋，两侧纵向钢筋直径不宜小于 12mm，间距不宜大于 400mm；受压边钢筋直径不宜小于 14mm，间距不宜大于 200mm。

4. 施工要求

（1）抗滑桩人工挖孔桩施工，应将开挖过程视为对滑坡进行再勘察的过程，及时进行地质编录，并及时反馈设计。

（2）抗滑桩施工宜包含施工准备、桩孔开挖、地下水处理、护壁、钢筋笼制作与安装、混凝土灌注、混凝土养护等。

5. 人工挖孔桩相关要求

（1）开挖前应平整孔口，并做好施工区的地表截、排水及防渗工作，雨季施工时，孔口应加筑围堰。

（2）采用间隔方式开挖，宜间隔 1～2 孔。

（3）施工宜由浅至深，由两侧向中间的顺序进行。

（4）孔口应锁口，桩身应按设计方案进行护壁。基岩或坚硬孤石段可采用少药量、多炮眼的松动爆破方式，但每次剥离厚度不宜大于 30cm。开挖基本成型后再人工刻凿孔壁至设计尺寸。

（5）桩孔开挖过程中应及时进行钢筋混凝土护壁，宜采用 C20～C25 混凝土。护壁的单次高度根据一次最大开挖深度确定，一般为 1.0～1.2m。护壁厚度应满足设计要求，宜为 100～300mm，应与围岩接触良好。护壁后的桩孔应保持垂直、光滑。

（6）桩孔开挖有关规定：①每开挖一节应及时进行岩性编录，核对滑面（带）情况，当实际情况与设计有较大出入时，应及时向建设单位和设计人员反馈，实挖桩底高程应会同设计、勘察等专业技术人员现场确定。②弃渣不应堆放在滑坡体上。③桩孔开挖过程中应及时排除孔内积水。当滑体的富水性较差时，可采用坑内直接排水；当富水性好，水量很大时，宜采用桩孔外管泵降排水。

6. 钢筋笼的制作与安装要求

（1）钢筋笼宜在孔外预制成型，在孔内吊放竖筋并安装，孔内制作钢筋笼时应考虑焊接时的通风排烟措施。

（2）竖筋的接头宜采用双面搭接焊或机械连接，接头点应错开。

（3）竖筋的搭接处不应置于土石分界线和滑动面（带）。

7. 混凝土灌注要求

（1）桩孔经检查合格方可灌注。

（2）当孔底积水厚度小于 100mm 时，可采用干法灌注，否则应采取水下灌注法。

（3）当采用干法灌注时，混凝土应通过串筒或导管注入桩孔，串筒或导管的下口与混凝土面的距离宜为 1～3m。

（4）桩身混凝土灌注应连续进行，留置施工缝应符合现行国家标准《混凝土结构工程施工规范》（GB50666—2011）的规定。

（5）桩身混凝土每灌注 0.5～0.7m 宜振捣一次。

（6）对出露地表的抗滑桩应及时养护。

（7）当采用水下灌注法时，混凝土应具有良好的和易性，配合比应按计算和试验综合确定，水灰比宜为 0.5～0.6，坍落度宜为 160～200mm，砂率宜为 40%～50%，水泥用量不宜少于 350kg/m³。灌注导管应位于桩孔中央，底部应设置隔水栓，导管直径宜为 250～350mm；导管使用前应进行试验，水密试验的水压不应小于孔内水深压力的 1.5 倍。

8. 水下混凝土灌注要求

（1）为使隔水栓能顺利排出，导管底部至孔底的距离宜为 250～500mm。

（2）为满足导管初次埋置深度在 1.0m 以上，应有足够的超压力能使管内混凝土顺利下落，并将管外混凝土顶升。

（3）灌注应连续进行，每根桩的灌注时间不应超过表 3.11 的规定。

（4）灌注过程应探测井内混凝土面位置，力求导管下口埋深在 2～3m 范围，不得小于 1m。

（5）灌注过程中的井内溢出物应引流至适当地点处理，严禁污染环境。

灌注量/m³	<50	100	150	200	250	≥300
灌注时间/h	≤5	≤8	≤12	≤16	≤20	≤24

9. 其他注意事项

当桩壁渗水并有可能影响桩身混凝土质量时，灌注前宜采取下列措施予以处理：

（1）使用堵漏技术堵住渗水口。

（2）使用胶管、积水箱（桶），并配以小流量水泵排水。

（3）若渗水面积大，应采取其他有效措施堵住渗水。

3.4.4　锚杆

1. 一般规定

锚杆防腐等级应达到相应的要求，永久性锚杆的锚固段不应设置在下列地层中：①有机质土，淤泥质土；②液限 W_L 大于 50% 的土层；③相对密实度 D_r 小于 0.3 的土层。

锚杆形式应根据锚杆锚固段所处部位的岩土层类型、工程特征、锚杆承载力大小、锚杆材料和长度、施工工艺等条件进行选择。

2. 设计计算

锚杆轴向拉力标准值应按式（3.32）计算：

$$N_{ak} = \frac{H_{tk}}{\cos \alpha} \qquad (3.32)$$

式中，N_{ak}——锚杆轴向拉力标准值（kN）；

　　　H_{tk}——锚杆水平拉力标准值（kN）；

　　　α——锚杆倾角（°）。

锚杆钢筋截面面积应满足式（3.33），锚杆承载力设计值应按式（3.33）、式（3.34）计算：

$$A_s \geq \frac{K_b N_{ak}}{f_y (f_{py})} \qquad (3.33)$$

$$N_a = A_s f_y (f_{py}) \qquad (3.34)$$

式中，A_s——锚杆钢筋或预应力钢绞线截面面积（m²）；

　　　N_{ak}——锚杆轴向拉力标准值（kN）；

　　　N_a——锚杆承载力设计值（kN）；

　　　f_y, f_{py}——钢筋或预应力钢绞线抗拉强度设计值（kPa）；

　　　K_b——锚杆杆体抗拉安全系数，按表 3.12 取值。

表 3.12　锚杆杆体抗拉安全系数

防治工程等级	最小安全系数	
	临时锚杆	永久锚杆
Ⅰ级	1.8	2.2
Ⅱ级	1.6	2.0
Ⅲ级	1.4	1.8

锚杆锚固段长度应满足式（3.35）的要求：

$$l_a \geq \frac{K_b N_{ak}}{\pi D f_{rbki}} \tag{3.35}$$

式中，N_{ak}——锚杆轴向拉力标准值（kN）；

K_b——锚杆锚固体抗拉安全系数，按表 3.12 取值；

l_a——锚杆锚固段长度（m）；

f_{rbki}——第 i 层岩土层锚固段范围内岩土层与锚固体极限黏结强度标准值（kPa），应通过试验确定，当无试验资料时可按表 3.13 和表 3.14 取值；

D——锚杆锚固段钻孔直径（mm）。

表 3.13　岩石与锚固体极限黏结强度标准值

岩石类别	f_{rbk} 值/kPa
极软岩	270～360
软岩	360～760
较软岩	760～1200
较硬岩	1200～1800
坚硬岩	1800～2600

注：1. 表中数据适用于注浆强度等级为 M30；

2. 表中数据仅适用于设计阶段，施工时应通过试验检验；

3. 岩体结构面发育时，取表中下限值；

4. 表中岩石类别根据天然单轴抗压强度 f_{rbk} 划分：$f_{rbk}<5$MPa 为极软岩，5MPa$\leq f_{rbk}<15$MPa 为软岩，15MPa$\leq f_{rbk}<$30MPa 为较软岩，30MPa$\leq f_{rbk}<60$MPa 为较硬岩，$f_{rbk}\geq60$MPa 为坚硬岩。

表 3.14　土体与锚固体极限黏结强度标准值

土层种类	土的状态	f_{rbk} 值/kPa
黏性土	坚硬	65～100
	硬塑	50～65
	可塑	40～50
	软塑	20～40
砂土	稍密	100～140

续表

土层种类	土的状态	f_{rbk} 值/kPa
砂土	中密	140～200
	密实	200～280
碎石土	稍密	120～180
	中密	160～220
	密实	220～300

注：1. 表中数据适用于注浆强度等级为 M30；
    2. 表中数据仅适用于设计阶段，施工时应通过试验检验。

锚杆杆体与锚固砂浆间的锚固长度应满足式（3.36）要求。

$$l_a \geq \frac{KN_{ak}}{n\pi df_{bk}} \qquad (3.36)$$

式中，l_a——锚筋与砂浆间的锚固长度（m）；

d——锚筋直径（m）；

n——杆体（钢筋、钢绞线）根数（根）；

f_{bk}——钢筋与锚固砂浆间的极限黏结强度标准值（kPa），应由试验确定，当缺乏试验资料时可按表 3.15 取值。

表 3.15　钢筋、钢绞线与水泥砂浆之间的黏结强度设计值（MPa）

锚杆类型	水泥浆或水泥砂浆强度等级		
	M25	M30	M35
水泥砂浆与螺纹钢筋或带肋钢筋间的黏结强度设计值	2.10	2.40	2.70
水泥砂浆与钢绞线、高强钢丝间的黏结强度设计值	2.75	2.95	3.40

注：1. 当采用二根钢筋点焊成束时，黏结强度应乘折减系数 0.85；
    2. 当采用三根钢筋点焊成束时，黏结强度应乘折减系数 0.70；
    3. 成束钢筋根数不应超过三根，钢筋截面总面积不应超过锚孔面积的 20%。

永久性锚杆抗震验算时，其安全系数应按 0.8 折减。锚杆的弹性变形和水平刚度系数应由锚杆试验确定。当无试验资料时，自由段无黏结的岩石锚杆水平刚度系数 K_h 及自由段无黏结的土层锚杆水平刚度系数 K_t 可按式（3.37）和式（3.38）进行估算：

$$K_h = \frac{AE_s}{l_f}\cos^2\alpha \qquad (3.37)$$

$$K_t = \frac{3AE_sE_cA_c}{3l_fE_cA_c + E_sAl_a}\cos^2\alpha \qquad (3.38)$$

式中，K_h——自由段无黏结的岩石锚杆水平刚度系数（kN/m）；

K_t——自由段无黏结的土层锚杆水平刚度系数（kN/m）；

l_f——锚杆无黏结自由段长度（m）；

l_a——锚杆锚固段长度，特指锚杆杆体与锚固体黏结的长度（m）；

E_s——杆体弹性模量（kN/m^2）；

E_c——锚固体组合弹性模量（kN/m^2），$E_c = \dfrac{AE_s + (A_c - A)E_m}{A_c}$；

E_m——注浆体弹性模量（kN/m^2）；

A——杆体截面面积（m^2）；

A_c——锚固体截面面积（m^2）；

α——锚杆倾角（°）。

3. 锚杆构造设计

锚杆锚固段长度应符合下列规定：

（1）锚杆锚固段长度应按式（3.35）进行计算，土层锚杆的锚固段长度不应小于 4m，且不宜大于 10m；岩石锚杆的锚固段长度不应小于 3m，且不宜大于 45d（d 为锚杆直径）和 6.5m。

（2）当计算锚固段长度超过构造要求长度时，应采取改善锚固段岩土体质量、压力灌浆、扩大锚固段直径、采用荷载分散型锚杆等方法提高锚杆承载能力。

锚杆的钻孔直径应符合下列规定：

（1）钻孔内的锚筋面积不超过钻孔面积的 20%。

（2）锚杆钢筋保护层厚度不小于 25mm（永久锚杆）或 15mm（临时锚杆）。

锚杆锚固段上部覆盖岩土层厚度应不小于 4.5m，锚杆倾角应不小于 10°，锚杆的设置应避免对相邻构筑物的基础产生不利影响。锚杆隔离架（对中支架）应沿锚杆轴线方向每隔 1~3m 设置一个，对土层应取小值，对岩层可取大值。当锚固段岩体破碎、渗（失）水量大时，应对岩体作灌浆加固处理。

永久性锚杆的防腐蚀处理应符合下列规定：

（1）锚杆的自由段位于岩土层中时，可采用除锈、刷沥青船底漆、沥青玻纤布缠裹两层进行防腐蚀处理。

（2）对位于无腐蚀性岩土层内的锚固段应除锈，水泥（砂）浆保护层厚度应不小于 25mm，对位于腐蚀性岩土层内的锚固段应进行双层防腐，放入波纹管中。

（3）经过防腐蚀处理后，锚杆的自由段外端应埋入钢筋混凝土构件内 50mm 以上。

临时性锚杆的防腐蚀可采取下列处理措施：

（1）锚杆的自由段可采用除锈后刷沥青防锈漆处理。

（2）外锚头可采用外涂防腐材料或外包混凝土处理。

3.4.5　预应力锚索

1. 一般规定

（1）预应力锚索材料宜采用低松弛高强钢绞线加工，并应满足现行国家标准《预应力混凝土用钢绞线》（GB/T5224—2014）相关规定。

（2）预应力锚索设置应保证达到所设计的锁定锚固力要求，且应保证预应力钢绞线有效防腐。

（3）预应力锚索长度不宜超过 50m，单束锚索设计吨位宜为 500～2500kN 级；锚索间距应以所设计的锚固力能对地基提供最大的张拉力为标准，预应力锚索布置间距宜为 4～10m。

（4）预应力锚索宜用于岩质坡，当滑坡体为堆积层或土质滑坡时，预应力锚索应与钢筋混凝土梁、格构或抗滑桩组合作用，腐蚀性环境中不宜采用；对极软岩、风化岩时，宜采用压力分散性锚索。

（5）预应力锚索设计时应进行拉拔试验。锚索试验内容包括内锚固段长度确定、砂浆配合比、拉拔时间、造孔钻机及钻具选定等。

（6）预应力锚索所用锚具应符合现行行业标准《预应力筋用锚具、夹具和连接器应用技术规程》（JGJ85—2010）的规定。

2. 预应力锚索设计

计算滑坡的预应力锚固力前，应对未施加预应力的滑坡稳定系数进行计算，作为设计的依据。滑坡设计荷载包括滑坡体自重、静水压力、渗透压力、孔隙水压力、地震力等。对跨越库水位线的滑坡，须考虑每年库水位变动时对滑坡体产生的渗透压力或动水压力。

预应力锚索极限锚固力应由破坏性拉拔试验确定，极限拉拔力指锚索沿握裹砂浆或砂浆固体沿孔壁滑移破坏的临界拉拔力；容许锚固力指极限锚固力除以适当的安全系数（通常为 2.0～2.5），它将为设计锚固力提供依据，通常容许锚固力为设计锚固力的 1.2～1.5 倍；设计锚固力可依据滑坡体推力和安全系数确定。

预应力锚索宜根据滑坡体结构和变形状况确定锁定值。

（1）当滑坡体结构完整性较好时，锁定锚固力可达设计锚固力的 100%。

（2）当滑坡体蠕滑明显，预应力锚索与抗滑桩相结合时，锁定锚固力应为设计锚固力的 50%～80%。

（3）当滑坡体具有崩滑性时，锁定锚固力应为设计锚固力的 30%～70%。

预应力锚索设计锚固力，可按式（3.39）计算：

$$P_t = F / [\lambda \sin(\alpha + \beta) \operatorname{tg} \varphi + \cos(\alpha + \beta)] \tag{3.39}$$

式中，F ——滑坡下滑力（kN）；

$\quad\quad P_t$ ——设计锚固力（kN）；

$\quad\quad \varphi$ ——滑动面内摩擦角（度）；

$\quad\quad \alpha$ ——锚索与滑动面相交处滑动面倾角（°）；

$\quad\quad \beta$ ——锚索与水平面的夹角，以下倾为宜，不宜大于 45°，一般为 15°～30°；

$\quad\quad \lambda$ ——折减系数，对土质边坡及松散破碎的岩质边坡，应进行折减。

设计锚固力 P_t 应小于容许锚固力 P_a，锚固钢材容许荷载应满足表 3.16 的要求。

表 3.16　锚固钢材容许荷载

设计荷载作用时	$P_a \leqslant 0.6P_u$ 或 $0.75P_y$
张拉预应力时	$P_a \leqslant 0.7P_u$ 或 $0.85P_y$
预应力锁定中	$P_a \leqslant 0.8P_u$ 或 $0.9p_y$

注：P_u 为极限张拉荷载（kN），P_y 为屈服荷载（kN）。

根据每孔锚索设计锚固力 P_t 和所选用的钢绞线强度，可按式（3.40）计算每孔锚索钢绞线的根数 n。

$$n = \frac{F_{s1}P_t}{P_u} \tag{3.40}$$

式中，F_{s1}——安全系数，取 1.7～2.2，高腐蚀地层中取大值；

　　　P_u——锚固钢材极限张拉荷载。

对于永久性锚固结构，设计中应考虑预应力钢材的松弛损失及被锚固岩（土）体蠕变的影响，决定锚索的补充张拉力。

锚固体设计应确定锚索锚固段长度、孔径、锚固类型，并应符合下列规定：

（1）锚固体的承载能力由锚固体与锚孔壁的抗剪强度、钢绞线束与水泥砂浆的黏结强度以及钢绞线强度三部分控制，设计应取其小值。

（2）锚固体拉拔安全系数应不小于 2.5。

（3）锚固体的直径应根据设计锚固力、地基性状、锚固类型、张拉材料根数、造孔能力等因素确定，宜采用 100～150mm。

（4）锚索的锚固段长度按式（3.41）～式（3.43）计算，采用 l_{sa}、l_a 中的大值，宜为 4～10m。

（5）根据水泥砂浆与锚索张拉钢材黏结强度确定的锚固段长度 l_{sa} 可按式（3.41）计算。

$$l_{sa} = \frac{r_0 P_t}{\pi d_s \tau_u} \tag{3.41}$$

式中，τ_u——锚索张拉钢材与水泥砂浆的黏结强度设计值（kPa）；

　　　d_s——张拉钢材外表直径（m）；

　　　r_0——结构构件重要性系数，安全等级为一级、二级、三级、临时工程（临时工程指使用期在 5 年以内的一般工程）应分别取 1.15、1.10、1.05、1.00。

当锚索锚固段为枣核状时，按式（3.42）计算。

$$l_{sa} = \frac{r_0 P_t}{n\pi d \tau_u} \tag{3.42}$$

式中，d——单根张拉钢材外表直径（m）。

（6）根据锚固体与孔壁的抗剪强度确定锚固段长度 l_a 按式（3.43）计算。

$$l_a = \frac{r_0 P_t}{\pi d_h \tau} \tag{3.43}$$

式中，d_h ——锚固体（即钻孔）直径（m）；

τ ——锚孔壁与注浆体之间黏结强度设计值（kPa）。

（7）锚索总长度由锚固段长度、自由段长度及张拉段长度组成，锚索自由段长度受稳定地层界面控制，在设计中应考虑自由段伸入滑动面或潜在滑动面的长度不小于 1m，自由段长度应不小于 3m。张拉段长度应根据张拉机具决定，锚索外露部分长度宜为 1.5m。锚索的紧固头应固定在承力结构物即外锚结构上，外锚结构宜采用钢筋混凝土结构，形式可根据被加固边坡岩土情况确定，可采用垫墩（垫块、垫板）、地梁、格子梁、柱、桩、墙等。

（8）预应力锚索的数量取决于滑坡产生的推力和防治工程安全系数，锚索间距宜大于 4m。若锚索间距小于 4m，必须进行群锚效应分析。推荐公式如下：

$$D = 1.5\sqrt{Ld/2} \tag{3.44}$$

式中，D——锚索最小间距（m）；

d——锚索钻孔孔径（m）；

L——锚索长度（m）。

锚索内端相邻锚索不宜等长设计，可根据岩体强度和完整性交错布置，长短差宜为 2～5m。

3. 预应力锚索构造

预应力锚索所采用的钢绞线应符合现行国标标准《预应力混凝土用钢丝》（GB/T5223—2014）、《预应力混凝土用钢绞线》（GB/T5224—2014）规定。

预应力锚索应设置对中支架（架线环），对中支架可用钢板或硬塑料加工。中支架间隔宜为 1.5～3.0m。

锚索张拉段应穿过滑带不小于 2m，对于隐蔽型滑面的松散层滑坡，张拉段应进入新鲜基岩面不小于 1.5m。

3.4.6 格构锚固

1. 浆砌块石格构

1）主要形式

浆砌石格构主要有矩形、菱形、弧形、人字形四种形式（图 3.21）。

2）浆砌块石格构构造要求

浆砌块石格构断面高×宽不宜小于 300mm×200mm，最大不宜超过 450mm×350mm。水泥砂浆宜采用 M7.5，格构框条宜采用里肋式或柱肋式，变形缝宜为 10～20m。浆砌块石格构边坡坡度不宜大于 35°，当边坡高于 10m 时应设分级平台。可根据岩土体结构和强度在格构节点设置全黏结灌浆锚杆，长度宜大于 4m；当岩土体较为破碎和易溜滑时，可

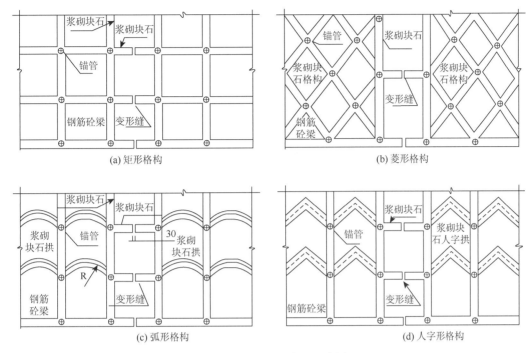

(a) 矩形格构　　　　　　　　　　　　　　(b) 菱形格构

(c) 弧形格构　　　　　　　　　　　　　　(d) 人字形格构

图 3.21　格构平面布置形式图

采用全黏结灌浆锚管加固，注浆压力宜为 0.5～1.0MPa，注浆停止前应稳压至少 10min，漏浆时应补浆。锚杆（管）宜埋置在浆砌块石格构中，格构锚管见图 3.22（图中未标注处单位为毫米）。

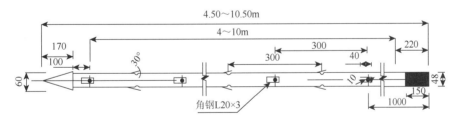

图 3.22　格构锚管结构图

2. 现浇钢筋混凝土格构

1）主要形式

（1）方形：顺边坡倾向和沿边坡走向设置方格状钢筋混凝土梁，格构水平间距应小于 5.0m。

（2）菱形：沿平整边坡坡面斜向设置钢筋混凝土，格构间距应小于 5.0m。

（3）人字形：顺边坡倾向设置钢筋混凝土条带，沿条带之间向上设置人字形钢筋混凝土，若岩土完整性好时，亦可设置浆砌块石拱，格构水平间距应小于 4.5m。

（4）弧形：指顺边坡倾向设置浆钢筋混凝土，沿条带之间向上设置弧型钢筋混凝土，若岩土体完整性好时，亦可设置浆砌块石拱，格构水平间距应小于 4.5m。

2）钢筋混凝土断面与配筋构造要求

钢筋混凝土断面（图 3.23）设计应采用简支梁法进行弯矩计算；断面高×宽不宜小于 300mm×250mm，最大不宜超过 500mm×400mm；纵向钢筋应采用 $\phi14$、Ⅱ级以上的螺纹钢，箍筋应采用 $\phi8$ 以上的钢筋，混凝土强度等级不宜低于 C25。现浇钢筋格构坡度不宜大于 70°，当边坡高于 10m 时应设置分级平台。现浇钢筋格构锚杆（管）或锚索可根据岩土体结构和强度设置在格构节点上。锚杆应采用 $\phi25\sim\phi40$ 的 HRB400 螺纹钢，长度不宜小于 4m，锚杆宜全黏结灌浆，并与钢筋笼点焊连接。若岩土体较为破碎和易溜滑时，可采用锚管加固，宜采用 $\phi50$ 全黏结灌浆锚管，注浆压力宜为 0.5～1.0MPa，并应与钢筋笼点焊连接。锚杆（管）埋置在浆砌块石格构中，锚杆（管）均应穿过潜在滑动面；$\phi50$ 钢管设计拉拔力可取为 100～140kN；当滑坡整体稳定性差或下滑力较大时，应采用预应力锚索进行加固；格构间宜培土和植草。

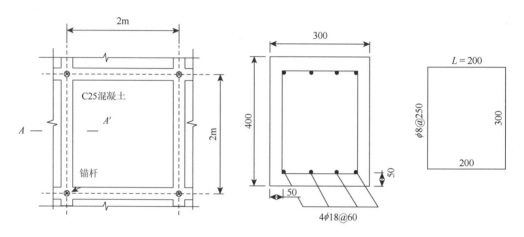

图 3.23　现浇钢筋混凝土格构断面图（单位：mm）

3. 格构锚固施工

（1）浆砌块石格构护坡坡面应平整、密实，表层无溜滑体、蠕滑体和松动岩块。

（2）格构采用毛石厚度应大于 150mm，条石以 300mm×900mm 为宜，强度宜为 MU30，砂浆强度宜 M7.5～M10。

（3）每隔 10～25m 宽度宜设置伸缩缝，缝宽宜为 20～30mm，填塞沥青麻丝或沥青木板。

（4）边坡开挖的岩性、结构应进行编录和综合分析。

（5）开挖的弃渣应按设计或建设单位要求堆放，不应造成次生灾害。

（6）混凝土格构浇注完毕后，应及时派专人进行养护，养护期应在 7 天以上。

（7）锚杆（管）杆体在入孔前应清洗孔，除锈、除油，平直，并按设计要求设对中支架。

（8）灌注砂浆灰砂比宜为 1：1～1：2，水灰比宜为 0.38～0.45，砂浆强度不应低于 M25，压力注浆须加止浆环，注浆后，将注浆管拔出。

3.4.7　锚拉桩

1. 设计注意事项

（1）桩上作用的外力与抗滑桩相同。单点锚的锚拉桩，根据需要可设计成静定体系，也可设计成超静定体系。可采用预应力锚索（杆），也可采用非预应力锚杆。

（2）桩横截面沿受力方向的高度宜为（1/12～1/6）l_1，（l_1 为桩在滑面以上的高度）；桩嵌入滑面以下的深度 l_2 对软质岩宜取 $l_1/3$，对硬质岩宜取 $l_1/4$。

（3）锚索拉力的水平分力可取 $N' = \left(\dfrac{1}{8} - \dfrac{1}{2}\right)F_n$，其中 F_n 为滑坡推力。

2. 确定抗滑桩及锚索的刚度

（1）桩的抗弯刚度 $K_1 = 0.85 E_c I$，其中 $I = \dfrac{1}{12}bh^3$。

（2）索的抗弯刚度 $K_2 = \dfrac{A_s E_s}{l_f}\cos^2\beta$，其中 A_s 为索的横截面面积，E_s 为索的弹性模量，l_f 为索的自由段长度，β 为索与水平面的夹角。

（3）锚索的预应力锁定值宜取设计拉力的 1.1 倍，取最不利截面按偏心受压构件进行桩的配筋设计。

3. 外锚头设计规定

（1）外锚头及其各部分的承载力应同锚索（杆）最大拉力和张拉工艺相匹配。

（2）设计计算可简化为受横向变形约束的弹性地基梁，根据变形协调原理，锚拉点桩的位移与锚索伸长相等进行桩的内力计算。

（3）混凝土垫墩应保证传力均匀，与锚垫板结构协调，垫墩与桩结合良好，混凝土局部受压承载力应按现行国家标准《混凝土结构设计规范》（GB50010—2010）验算。

4. 构造要求

（1）每桩应预留锚孔，锚孔距桩顶距离不应小于 0.5m。

（2）锚拉桩桩身设计应符合抗滑桩设计的相关规定。

（3）锚索（杆）构造应符合锚杆及预应力锚索的规定。

3.4.8　重力式抗滑挡墙

1. 一般规定

（1）重力式抗滑挡墙适用于管道线路工程中小型浅层滑坡的治理，适用于剩余下滑力不大于 150kN/m 的滑坡。

（2）挡土墙工程应布置在滑坡主滑地段的下部区域，当滑体长度大而厚度小时宜沿滑坡倾向设置多级挡土墙。

（3）挡土墙墙高不宜超过 8m，否则应采用特殊形式挡土墙，或每隔 4～5m 设置厚度不小 0.5m、配适量构造钢筋的混凝土构造层。

（4）墙后填料应选透水性较强的填料，当采用黏性土作为填料时，宜掺入适量的石块且夯实，密实度不小于 85%。

2. 重力式抗滑挡墙设计

挡土墙工程结构设计安全系数应符合下列规定：

（1）基本荷载情况下，抗滑稳定性 $K_s \geqslant 1.3$；抗倾覆稳定性 $K_s \geqslant 1.6$。

（2）特殊荷载情况下，抗滑稳定性 $K_s \geqslant 1.2$；抗倾覆稳定性 $K_s \geqslant 1.4$。

3. 作用在挡土墙上的荷载力系及其组合

（1）基本荷载应考虑墙背承受由填料自重产生的侧压力、墙身自重的重力、墙顶上的有效荷载、基底法向反力、摩擦力及常水位时静水压力和浮力。

（2）附加荷载可包括涉及库水位的静水压力和浮力、江水位降落时的水压力和波浪压力。

（3）特殊荷载考虑地震力及临时荷载。

4. 墙身所受的浮力的确定

（1）位于砂类土、碎石类土和节理很发育的岩石地基时，可按计算水位的 100% 计算。

（2）位于完整岩石地基，其基础与岩石间灌注混凝土时，可按计算水位的 50% 计算。

（3）不能确定地基土是否透水时，宜按计算水位的 100% 计算。

5. 土压力计算

（1）作用在墙背上的主动土压力，可按库仑理论计算。

（2）挡土墙前部的被动土压力，一般不予考虑。但当基础埋置较深，且地层稳定，不受水流冲刷和扰动破坏时，结合墙身位移条件，可采用 1/3 被动土压力值。被动土压力可按库仑理论计算。

（3）衡重式挡土墙上墙土压力，当出现第二破裂面时，宜采用第二破裂面公式计算，不出现第二破裂面时，以边缘点连线作为假想墙背按库仑公式计算，下墙土压力采用力多边形法计算，不计入墙前土的被动土压力。

（4）墙背后填料的内摩擦角，应根据试验资料确定。当无试验资料时可参照现行行业标准《铁路路基支挡结构设计规范》（TB10025—2006）选用。

（5）基底压力计算：

$$P_{\max} = (F + A) / A + (M / W) \tag{3.45}$$

$$P_{\min} = (F + G) / A + (M / W) \tag{3.46}$$

式中，$P_{\max}$——基础底面边缘的最大压力设计值（kPa）；

P_{min}——基础底面边缘的最小压力设计值（kPa）；

F——上部结构传至基础顶面的竖向力设计值（kN）；

G——基础自重设计值和基础上的土重标准值（kN）；

A——基础底面面积（m^2）；

M——作用于基础底面的力矩设计值（kN·m）；

W——基础底面的抵抗矩（kN·m）。

（6）当偏心距 $e>b/6$ 时，P_{max} 按式（3.47）计算：

$$P_{max} = 2(F + G) / 3la \qquad (3.47)$$

式中，l——垂直于力矩作用方向的基础底面边长（m）；

a——合力作用点至基础底面最大压力边缘的距离（m）；

当地基受力层范围内有软弱下卧层时，应验算软弱下卧层顶面压力。

（7）挡土墙偏心压缩承载力可按式（3.48）计算：

$$N \leqslant \varphi f A \qquad (3.48)$$

式中，N——荷载设计值产生的轴向力（kN）；

A——截面积（m^2）；

f——砌体抗压强度设计值（kPa）；

φ——高厚比和轴向力的偏心距 e 对受压构件承载力的影响系数。

当 $0.7y<e<0.95y$ 时，除按式（3.48）进行验算外，还应按式（3.49）进行正常使用极限状态验算：

$$N_k \leqslant \frac{f_{tmk} A}{\dfrac{Ae}{W} - 1} \qquad (3.49)$$

式中，N_k——轴向力标准值（kN）；

f_{tmk}——砌体弯曲抗拉强度标准值，取 $f_{tmk} = 1.5 f_{tm}$；

f_{tm}——砌体抗弯曲抗拉强度设计值（kPa）；

W——截面抵抗矩（kN·m）；

e——按荷载标准值计算的偏心距。

当 $e>0.95y$ 时，可按式（3.50）进行计算：

$$N_k \leqslant \frac{f_{tm} A}{\dfrac{Ae}{W} - 1} \qquad (3.50)$$

（8）受剪构件的承载力可按式（3.51）计算：

$$V \leqslant (f_v + 0.18\sigma_k) A \qquad (3.51)$$

式中，V——剪力设计值（kN）；

f_v——砌体抗剪强度设计值（kPa）；

σ_k——荷载标准值产生的平均压力（kPa），但仰斜式挡土墙不考虑其影响。其他符号同上。

6. 重力式抗滑挡墙构造

（1）挡土墙墙型的选择宜根据管道及滑坡相对位置关系、滑坡稳定状态、施工条件、土地利用和经济性等因素确定。在地形地质条件允许的情况下，宜采用仰斜式挡土墙；施工期间滑坡稳定性较好且土地价值低，宜采用直立式挡土墙；施工期间滑坡稳定性较好且土地价值高，宜采用俯斜式挡土墙。

（2）在设计中可根据地质条件采用特殊形式挡土墙，如减压平台挡土墙、锚定板挡土墙及加筋土挡土墙等。

（3）挡土墙基础埋置深度应根据地基变形、地基承载力、地基抗滑稳定性、挡土墙抗倾覆稳定性、岩石风化程度以及流水冲刷计算确定。土质滑坡挡土墙埋置深度应置于滑动面以下的深度，对于硬质岩层不应小于 0.6m，对于软质岩层不应小于 1.0m，对于土层不应小于 1.0m，受水流冲刷时，基础埋深在冲刷线下不应小于 1.0m。

（4）重力式挡土墙采用毛石混凝土或混凝土现浇时，毛石混凝土或混凝土墙顶宽不宜小于 0.6m，毛石含量宜为 15%～30%。

（5）挡土墙墙胸宜采用 1∶0.5～1∶0.3，墙高小于 4.0m 时可直立；地面较陡时，墙面坡度可采用 1∶0.2～1∶0.3。

（6）挡土墙按墙背坡度可分为仰斜式、俯斜式、直立式三种类型。

（7）挡土墙基础宽度与墙高之比宜为 0.5～0.7，基底宜设计为 0.1∶1～0.2∶1 的反坡，土质地基取小值，岩质地基取大值。

（8）当墙基沿纵向为纵坡陡于 5% 的斜坡时，应将基底做成台阶式，最下一级台阶宽不小于 1m。

（9）当基础砌筑在坚硬完整的基岩斜坡上而不产生侧压力时，可将下部墙身切割成台阶式，切割后应进行全墙稳定性验算。

（10）在挡土墙背侧应设置 200～400mm 的反滤层，孔洞附近 1m 范围内应加厚至400～600mm；回填土为砂性土时，挡土墙背侧最下一排泄水孔下侧应设倾向坡外，厚度不小于 300mm 的黏土防水层。

（11）挡土墙后回填表面宜设置为倾坡外的缓坡，坡度取 1∶20～1∶30；亦可在墙顶内侧设置排水沟，通过挡土墙顶引出，但应在墙前坡体设置防冲刷措施。

（12）墙体泄水孔宜为 50mm×100mm、100mm×100mm、100mm×150mm 的方孔，或 $\phi 50$～$\phi 200$ 的圆孔；泄水孔间距 2～3m，倾角不宜小于 5%，宜交错设置，最下一排泄水孔的出水口应高出地面不少于 200mm。

（13）在泄水孔进口处应设置反滤层，且应采用透水性材料（卵石、砂砾石等）为防止积水渗入基础。在最低排泄水孔下部夯填黏土隔水层，厚度不小于 300mm。

（14）挡墙沉降缝宜每 5～20m 设置一道，缝宽宜为 20～30mm，缝中填沥青麻丝、沥青木板或其他有弹性的防水材料，沿内、外、顶三方填塞，深度应不小于 150mm。

7. 重力式挡墙施工

（1）挡墙基坑全面开挖可能诱发滑坡时，应采用分段开挖，开挖一段，立即浆砌、回填。施工期应对滑坡进行监测。

（2）浆砌块石挡土墙应采用坐浆法施工，砂浆稠度不宜过大，块片石表面清洗干净。

（3）墙顶用 1∶3 水泥砂浆抹成 5%外斜护顶，厚度不小于 30mm。

（4）选用表面较平的石料砌筑，其最小厚度为 150mm。外露面用 M7.5 砂浆勾缝。

（5）砌筑挡土墙时，应分层错缝砌筑，基底及墙趾台阶转折处不应做成垂直通缝，砂浆水灰比应符合要求，并应填塞饱满。

（6）施工期间应做好地面排水，保持基坑干燥，岩石基坑应使基础砌体紧靠基坑侧壁，使其与岩层结为整体。

（7）墙身砌出地面后，基坑应及时回填夯实，并应做成不小于 5%的向外流水坡。

（8）当基底为黏性土地基和基底潮湿时，应夯填 50mm 厚砂石垫层。

（9）当墙后原地面横坡陡于 1∶5 时，应先处理填方基底（铲除草皮和耕植土，或开挖台阶等）再填土。

（10）墙后填土宜采用透水性好的碎石土，当砌体强度达到设计强度的 70%时，应立即进行填土并分层夯实，并应保证施工过程中自身的稳定。

3.4.9　工程实例（某管道 K1244 滑坡治理工程）

1. 滑坡概况

滑坡平面形态整体呈圈椅状，近南北向展布，剖面形态呈折线型，坡度 20°～25°，主滑方向为 255°，分布高程为 940～995m，坡高约 63m。天然气管道位于滑体中上部，管道敷设方式为横坡敷设。

滑坡北侧冲沟发育，现有滑坡变形区域主要集中于冲沟南侧，冲沟外围无明显变形，因此该滑坡北侧以冲沟为界，滑坡南侧边界位于滑坡南侧冲沟附近。根据现场调查，冲沟北侧村民农田地内及房屋处剪切裂隙发育，因此滑坡南侧边界以坡体上剪切裂隙区为边界，滑坡横宽约 320m。滑坡前缘为在建江习古高速公路修建开挖斜坡形成的高约 14m 的高陡临空面，滑坡后缘为县道 X320 上侧，滑坡纵向长约 280m。

2. 滑坡变形特征

根据现场调查，当前滑坡受前期滑动破坏，坡体上变形迹象较为明显。主要表现如下。

1）滑坡区后部变形特征

滑坡区后部沿县道 X320 公路两侧（居民区）形成多条拉张裂缝，裂缝延伸长度 20～80m，裂缝张开度 3～10cm，下错高度 32cm，裂缝可探深度 0.3～1.2m，缝内泥沙充填（图 3.24、图 3.25）。裂缝走向 310°～360°，与滑坡方向近垂直。

图 3.24　滑坡后缘张拉裂缝（1）

图 3.25　滑坡后缘张拉裂缝（2）

2）滑坡区两侧变形破坏特征

现场在滑坡左侧边缘，乡村道路及村民田地内，剪切裂缝发育，裂缝延伸长 10～30m，裂缝宽 3～5cm，泥沙充填，可探深度 0.1～0.3m，裂缝走向 240°～260°，与滑坡主滑方向基本一致（图 3.26、图 3.27）。

图 3.26　滑坡两侧裂缝（1）

图 3.27　滑坡两侧裂缝（2）

3）滑坡区中、前部变形破坏特征

滑坡中前部位于村民农田地内，土体开裂，形成多条拉张裂缝。裂缝走向 340°～360°，延伸长度 10～20m，下错高度 2～20cm，裂缝宽 2～5cm，个别可达 1m，裂缝走向与滑坡主滑方向近垂直（图 3.28、图 3.29）。

图 3.28　滑坡中前部裂缝（1）

图 3.29　滑坡中前部裂缝（2）

4) 滑坡区前缘变形破坏特征

滑坡前缘在建江习古高速开挖形成的边坡处，已建抗滑桩位移，个别抗滑桩剪断，前缘土体局部垮塌堆积于公路路基上方（图3.30、图3.31）。

图 3.30　前缘抗滑桩位移、破损（1）

图 3.31　前缘抗滑桩破损（2）

3. 防治工程等级

该滑坡失稳将威胁滑坡体内中部管道长约400m，同时将对管道周边139户352人的生命财产安全构成巨大威胁，造成巨大的经济损失。

根据《滑坡防治工程设计与施工技术规范》（DZ/T 0219—2006）第5.1条的相关规定，该天然气管道滑坡防治工程的等级为Ⅰ级。

4. 治理工程方案

本治理工程方案根据滑坡现场变形特征及破坏机制，经现场商讨针对管道安全保护，采取应急兼永久治理工程方案。

应急兼永久治理工程方案为：（管线上方）人工挖孔抗滑桩。主要布置于管道上方5m左右，设计六种桩型，共计58根，分别为A、B、C、D、E、F型桩。根据现场抗滑桩实际开挖情况，部分桩径及桩长略有调整，具体如下所述。

（1）A 型抗滑桩：设计长度 18m，A-1 型（A1-A3）共 3 根，桩径 1.5m×2.0m，A-2 型 A4 桩径 2m×3m，A1 与 A3 桩间距为 5m，受天然气管线影响，A3 与 A4 桩间距为 9m，共 4 根。

（2）B 型抗滑桩：B-1 型（B1-B6）共 6 根，设计长度 14m，B-2 型（B7-B8）共 2 根，设计长度 18m，桩径 1.5m×2.0m，桩距 5m，共 8 根。

（3）C 型抗滑桩：C-1 型（C1-C3）共 3 根，设计长度 19m，C-2 型（C4-C6）共 3 根，设计长度 18m，桩径 2×2.5m，桩距 5m，共 6 根。

（4）D 型抗滑桩：D-1 型（D1-D6、D20-D21）共 8 根，设计长度 23m，D-2 型（D7～D8、D16～D19）共 6 根，设计长度 25m，D-3 型（D9～D15）共 7 根，设计长度 26m，桩径 2m×3m，桩距 5m，共 21 根。

（5）E 型抗滑桩：E-1 型（E1～E5）共 5 根，设计长度 18m，E-2 型（E6～E9）共 4 根，设计长度 21m，桩径 2m×2.5m，桩距 5m，共 9 根。

（6）F 型抗滑桩：F-1 型（F1～F2）共 2 根，设计长度 21m，F-2 型（F3～F10）共 8 根，设计长度 18m，桩径 1.5m×2.0m，桩距 5m，共 10 根。

3.5　泥石流治理措施

在管道不可避开泥石流的情况下，应对穿越区域泥石流进行治理，目前所采用的泥石流防治工程主要有排导工程、拦挡工程、固坡工程等。

3.5.1　泥石流排导工程

泥石流排导工程主要指泥石流排导槽在具备排导条件时，将泥石流冲出物排导至指定区域。根据泥石流流量、输沙粒径，排导槽断面宜选择窄深式。常用断面形状有梯形、矩形和 V 形三种，根据流通段沟道的特征，用类比法来计算排导槽的横断面积（S），并应满足式（3.52）：

$$S \geqslant \frac{B_{\mathrm{L}}}{B_x} \frac{H_{\mathrm{L}}^{5/3}}{H_x^{5/3}} \frac{n_x}{n_{\mathrm{L}}} \frac{I_{\mathrm{L}}^{1/2}}{I_x^{1/2}} \tag{3.52}$$

式中，B_x——排导槽的宽度（m）；

B_{L}——流通区沟道宽度（m）；

I_x——排导槽纵坡降（‰）；

I_{L}——流通区沟道纵坡降（‰）；

H_{L}——流通区沟道泥石流厚度；

H_x——排导槽设计泥石流厚度。

排导槽深度可按式（3.53）计算确定：

$$H = H_{\mathrm{c}} + \Delta H \tag{3.53}$$

式中，H——排导槽深度（m）；

H_c——设计泥深（m）；

ΔH——排导槽安全超高（m），一般取 0.5～0.10m。

排导槽弯道段，深度 H_w 还应考虑泥石流弯道超高，H_w 按式（3.54）计算：

$$H_w = H + \Delta H_w \tag{3.54}$$

式中，H_w——排导槽弯道深度（m）；

ΔH_w——泥石流道超高（m）。

排导槽纵坡设置受上、下游地形条件所限制者，其纵坡值可采用等于或略大于相应沟段的纵坡值。

3.5.2　泥石流拦挡工程

1. 施工注意事项

（1）泥石流防治工程施工应根据其环境条件、工程地质和水文地质条件，编制详细的施工组织方案，采取合理、可行、有效的措施保证施工安全。

（2）按工程要求进行备料，选用材料的型号、规格符合设计要求，进场材料有产品合格证和质检单。

（3）泥石流施工应根据水文、气象、地质及施工条件特点选择合理的排水方案。

（4）汛期施工应专门设计度汛方案，并报主管部门审核后实施。

（5）施工弃渣应及时外运，严禁随意堆在沟道内。

（6）工程施工应采用信息法施工。

2. 施工要求

（1）应包括编制依据、工程概况、施工部署和施工方案、施工安全措施、特殊工程结构的施工方法，施工进度计划、各项资源需要量计划、施工平面图、主要技术措施、技术经济指标等。

（2）施工方法应根据各分部分项工程的特点选择，对新结构、新材料、新工艺和新技术，尚应说明其工艺流程，明确保证工程质量和安全的技术措施。

（3）应在满足工期要求的情况下，确定施工顺序，划分施工项目和流水作业段，计算工程量，确定施工项目的作业时间，组织各施工项目间的衔接关系，编制施工进度图表。

（4）施工组织设计中应对各项资源需求量进行计划，包括材料、构件和加工半成品、劳动力、机械设备等，编制机械材料需求量计划表。

（5）施工平面图应标明单位工程所需的施工机械、加工场地、材料等的堆放场地和水电管网与公路运输、防火设施等合理布置。

（6）根据工程特点和工期，制定切实可行的保证工程质量、安全、进度、雨季施工等的具体措施。

（7）应在施工组织设计中提出临时设施计划，包括工地临时房屋、临时道路、临时供水、临时供电等设施。

（8）环境保护、文明施工中应根据工程特点制定切实有效的相关保证措施。

（9）应急预案应根据泥石流防治工程在施工期间可能出现的恶劣气候、降雨、泥石流活动等紧急险情编制抢险预案。

3.5.3　泥石流固坡工程

加固塌滑坡体，使之不入沟为泥石流提供固体物源，理论上是防治泥石流的有效措施。但如直接加固坡体，工程巨大、施工困难，治坡的效益不如治沟，故一般不予采用，而多在紧邻崩滑体沟段设坝或谷坊群回淤反压，防止崩滑体入沟堵溃是治理重点；当有崩滑堵沟溃决危险而又无条件回淤反压时，应采用防止崩塌滑坡的相应工程措施。

3.5.4　工程实例（某天然气管道泥石流治理工程）

1. 工程概况

该段天然气管道与成品油管道双管并行，管道沿沟铺设，埋深 1.5～2m。地貌属中山地貌，该点为一沟谷型泥石流沟，有明显的物源区（图 3.32）、流通区、堆积区，沟长约300m，沟宽 30～50m，汇水面积约 0.5km^2，流量约 1L/s（调查时）。物源区斜坡表层为厚3～8m 的粉质黏土，植被稀疏，在降雨条件下易滑入沟内，流通区两侧斜坡滑塌亦提供了

图 3.32　泥石流流域分区图

部分物源，管道施工时，在沟内设置了六道高 1～1.5m 的淤泥坝，2017 年 7 月暴雨期间，发生泥石流，下蚀流通区沟底，导致成品油管道裸露悬空约 10m，多道淤泥坝局部基础被掏蚀悬空，沟口道路被掩埋，沟内物源丰富，若不加以治理，在强降雨或持续降雨条件下可能暴发规模较大的泥石流，导致管道露管、悬管，甚至被泥石流携带的大块石砸坏管道，并威胁沟口道路行人行车安全，威胁管道及光缆长度 30m。

2. 治理工程方案

治理工程主要是对淤泥坝裸露的基础进行修复，并在淤泥坝下游设置六座混凝土护坦（宽约 8m，总长约 30m）。当下泄水流采用底流消能时，护坦（或其一部分）常做成消力池形式，促使高速水流在消力池范围内产生水跃。紧接护坦或消力池后面的消能防冲措施，称为海漫。其作用是进一步削减水流的剩余动能，保护河床免受水流的危害性冲刷。护坦上的水流紊乱，其荷载有自重、水重、扬压力、脉动压力及水流的冲击力等。治理工程方案布置图见图 3.33。

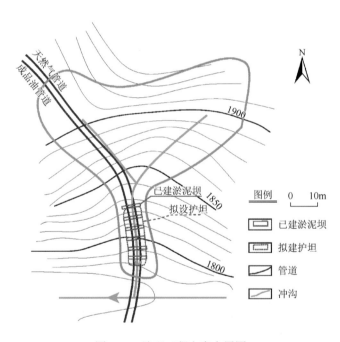

图 3.33　治理工程方案布置图

3.6　水毁治理措施

水毁灾害的主要诱发因素就是水，核心就是治水，需采取排水、隔水措施，防止坡体和岸坡被冲刷、侵蚀。水毁治理措施主要包括截排水工程、坡面防护、护岸工程、护底工程等。

3.6.1　截排水工程

截排水工程主要是在灾害体外拦截旁引地表水的截水沟和在灾害体内防止入渗和截集引出地表水的排水沟，对坡面水毁和台田地水毁较为实用，可以有效地减少地表水对管道穿越段的冲刷，减少水土流失。

管线经过陡坡、陡坎时，为防止雨水冲刷管沟，在沟内每隔一定距离做一道截水墙。截水墙从管底做起，直至地表面。截水墙是长输管道坡面防护中应用最为普通的水工保护结构形式。根据墙体材料的不同，截水墙可分为浆砌石截水墙、灰土截水墙、土工袋截水墙以及木板截水墙等，其中以浆砌石截水墙和灰土截水墙最为常见。截水墙必须在管沟的沟壁和沟底嵌入一定的深度。浆砌石截水墙和灰土截水墙与管线交叉时，应采用胶皮或绝缘橡胶板对管线进行包裹，以防止施工时对管线防腐层的损坏。灰土截水墙夯实施工时，应采用支模的形式，土质干燥时还应对灰土洒水湿润。

3.6.2　坡面防护

坡面防护主要应用于长输管道在经过地形起伏比较大的边坡时，保护管道不会裸露甚至悬空。此类管道的施工过程对边坡土壤具有强烈的扰动作用，降雨时，沟内回填土极易在坡面径流的冲刷下发生流失。坡面防护主要包括生态防护和工程防护两种类型。

1. 生态防护

管道工程坡面防护中应用的生态防护又称为植被防护。植被防护在利用植被洒水固土的原理稳定岩石边坡的同时，还可起到美化环境的作用。它可分为植草、土工格室（图 3.34）、植生带、三维植被网（图 3.35）、浆砌石拱形骨架、卵石方格网等几种形式。

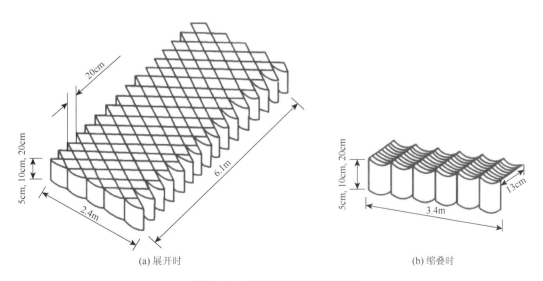

(a) 展开时　　　　　　　　　　　(b) 缩叠时

图 3.34　土工格室的单件构造图

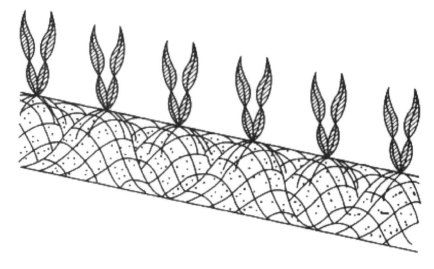

图 3.35 三维植被网护坡结构示意图

2. 工程防护

工程防护结构主要有防冲工程,包括防冲坎、护岸挡墙、护坦、淤土坝等,减少水流下蚀及侧蚀作用的影响,避免因水毁导致塌岸发生,在河沟道水毁中起到保护管道安全的作用。此外,由于水毁灾害的成灾时间相对缓慢,有滞后效应,发现险情及时对塌陷坑回填,阻止塌陷范围继续扩展,在台田地水毁灾害防治中应用广泛。

3.6.3 护岸工程

护岸工程是针对河岸的横向摆动而言的,主要防护穿河管道或临近河岸的地下埋管安全。如图 3.36 所示,护岸工程不仅用于防止河岸摆动对穿河管道的危害,而且对平行于河岸但由于离河岸较近而产生管线暴露隐患的情况也可适用。

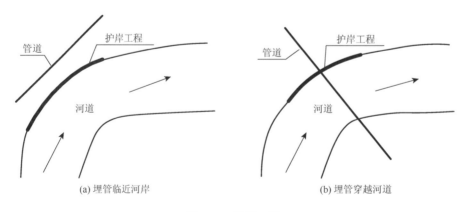

图 3.36 护岸工程

1. 护岸形式

护岸工程作为河道治理的重要措施之一,在水利水电工程建设中被广泛采用,在世界治河史上已有很长历史,其形式多样,常用的护岸措施有植被护岸、双层干砌石护岸、混凝土护岸、抛石护岸、石笼护岸、浆砌石挡墙式护岸,以及属于护岸措施的石笼挑流坝等。

1) 植被护岸

常用的植被护岸措施主要有植草和土工合成材料植被措施。土工合成材料植被措施主要包括植草、土工格室植被、植生带和三维植被网。

常见植被护岸措施的形式主要取决于岸坡坡度和水流流速两项指标。而岸坡土质条件以及植被生长情况也与其冲刷破坏的程度密切相关。因此,设计植被护岸措施时,除根据岸坡坡度和水流流速两项指标外,还应考虑岸坡组成颗粒粒径的大小、植被生长情况与淹没持续时间等。植被铺设范围应遍及要求防护的部位,其高度为下端至低水位 1m(斜坡长),上端达到高水位以上 0.5m(斜坡长)。

2) 双层干砌石护岸

双层干砌石护岸主要采用干砌石的双层铺砌形式,适用于周期性浸水和冲刷较轻(流速小于 4m/s)的河岸及水库边坡。双层干砌石防护的岸坡坡度应稳定,岸坡坡度一般为 1:0.5~1:2。

干砌石防护中,铺砌层的底面应设垫层,垫层材料常用碎石、砾石或沙砾等,而施工所用石料应是未风化的坚硬岩石。防护工程坡脚应修筑堤石铺砌式基础,或堆石垛、石墙基础。在铺砌前应先夯实整平边坡,砌筑石块要互相嵌紧,选用较大的石块,不得有松动现象。

3) 混凝土护岸

混凝土护岸按照施工条件的不同大致可分两种,一种是需要干地施工的现浇混凝土护岸,例如模袋混凝土护岸;另一种是预制安装混凝土护岸,例如可以水下或冰上施工,且多用于生态修复的预制高强混凝土铰接式护坡。

模袋混凝土是通过用高压泵把混凝土或水泥砂浆等充填料灌入模袋中,充填料的厚度通过袋内吊筋袋、吊筋绳(聚合物如尼龙等)的长度来控制,填充料固结后形成具有一定强度的板状结构或其他结构,能满足工程的需要。土工模袋作为一种新型的建筑材料,广泛用于江、河、湖、海的堤坝护坡、护岸、港湾、码头等防护工程。根据有关技术资料,膜袋布有哑铃形、梅花形、矩形、框格形、铰链形等多种形式。模袋混凝土的厚度应满足能抵抗护岸坡面局部架空引起的弯曲应力、风浪产生的浮力及冰推力导致膜袋沿坡面滑动等要求。

预制混凝土铰接式护岸多采用自锁定结构,采用楔形榫槽,通过四边穿插式组装,块与块之间形成巨大的结合力,由于其材料多使用高强混凝土,表面开孔率较大,可生长草本植物,该护岸不需要砂浆等胶凝料勾缝,反滤层采用滤水土工布替代传统的砂石料,施工简便,如局部结构有塌陷,揭开即可维修,并可重复利用。

4) 抛石护岸

抛石护岸具有可就地取材、施工简易以及可以分期施工逐年加固等特点,被广泛用于河道整治工程中。抛石的方法在护岸和护底两方面都可以运用，通过抛石加大河床或河岸物质的冲刷能力，对于护底来说，防止河床进一步下切；对于护岸来说，防止河岸进一步横向摆动和河岸坡脚进一步冲刷。大量工程实践表明，抛石护岸工程发挥作用的关键在于维护河岸或河床的稳定，那么首先就要求抛石的自身稳定。为了达到这一点，抛石工程需要注意抛石的范围，抛石层的厚度，抛石量，抛石尺寸，抛石的位置等。

5）石笼护岸

将石块充填在铁丝、木、竹等材料编织的笼内做成石笼。石笼适用于防护岸坡坡脚及河岸，起到免受急流和大风浪的破坏作用，同时也是加固河床，防止冲刷的常用措施。在含有大量泥沙及基底地质良好的条件下，宜采用石笼防护，石笼中石块间的空隙很快被泥沙淤满，形成整体的防护。石笼防护属于半永久性构筑物，用以防护河岸或管堤边坡的冲刷，可适应较陡的边坡；用以防护基础的淘冲，可视为具有柔性的平面防淘措施，也宜于防洪抢险方面。

石笼的形式有箱形、圆柱形、扁形及柱形等。编笼可用镀锌铁丝、普通铁丝，以及高强度聚合物土工格网。编制石笼可用六角形或方形网孔。方形网孔强度较低，一旦破坏后会继续扩大。六角形网孔较为牢固，不易变形。

为节省钢材，在盛产竹材的地区，可用竹石笼代替铁丝石笼，竹石笼的强度、柔韧性以及耐久性不如铁丝石笼，但造价低廉，故常用于临时防护工程，如能在短期内被泥沙淤塞固结，便仍具有长期使用效果。

石笼防护可在一年中任何季节施工，也可在任何气候条件水流情况下采用，但以低水位时施工较好。单个石笼的重量和大小以不被水流或波浪冲移为宜。石笼装填石块最好选用容重大、浸水不崩解、坚硬不风化的石块。石笼铺砌时，下面需用碎石或砾石整平作垫层，必要时，底层石笼的各角可用钢筋固定于基底中。

6）浆砌石挡墙式护岸

浆砌石挡墙式护岸依据墙背岸坡的坡度条件，可分为直立式和仰斜式两种。直立式适用于岸坡陡直的条件下；仰斜式适用于岸坡坡比为 1∶0.25 的条件下。浆砌石挡墙式护岸不适用于特殊地区（如膨胀土等）和病害地区（如断裂带、滑坡区和泥石流区等）的岸坡防护。

浆砌石挡墙式护岸常采用铺浆法砌筑，铺浆饱满度不小于 90%。砌筑砂浆强度等级为 M7.5，外露面勾缝 M10，不得形成通缝。石料选用抗压强度不小于 MU30，粒径不小于 20cm。应在适当位置设泄水孔及沉降缝，地基及基础埋深满足相关要求。墙后填料要求以就地取材为主。可采用砂性土、小卵石、砾石、粗沙、大卵石、碎石类和块石。墙后填土须分层夯实。

7）石笼挑流坝

石笼挑流坝是一种常见的导流构筑物，属于间接的水工保护措施。

一般而言，单个挑流坝不能挑开水流，反而会使水流在挑流坝附近形成环流，引起挑流坝上下游较大长度范围内的水流情况显著恶化，造成更严重的冲刷。因此，石笼挑流坝在使用时，必须成群布置。

石笼挑流坝适用于管线穿越河道或顺河岸边敷设，并且适用于河岸后退较快、岸坡较不稳定、河岸线摆动较频繁的平原区河流。

3.6.4　护底工程

油气管道穿越河沟道或顺河沟道底敷设时，经常会遇到河床的下切作用，造成管线裸露甚至漂管。采用护底措施可以有效防止这一现象的发生。

1）过水面

过水面是一种防止局部河床冲刷的护底措施，其方法是对原河床内易遭受冲刷的细颗粒土质采用粒径较大、整体性好的结构物进行表层置换，置换后的河床具有更强的抗冲刷性，能抵抗更高流速的水流的冲击作用。按置换材料类型不同，以干砌石过水面、石笼过水面和浆砌石过水面三种较为常见。

过水面的设防范围主要针对管沟开挖部分而言，为防止过水面沉降对管线防腐层的挤压破坏，过水面距管线的净距离不小于0.5m。

2）柔性混凝土板护面

柔性混凝土板是一种有效的柔性护面结构，它是由具有一定规则形状和尺寸的混凝土板与可以自由转动的铰链互相连接构成。

柔性护面一般用于护岸或导流建筑物的基础防护，其作用是随基础下部冲刷深度的加深，能自动沉入冲刷坑内覆盖住坑壁，不使淘刷脚向后发展，以保护基础稳定。为了减少护面受水流的作用力，柔性混凝土板应铺设在略低于枯水位标高的位置。

柔性护面最宜铺设在中等粒径的砂砾石河床基础上，其下沉较均匀，效果最好。对于颗粒较小的砂类土和黏性土河床基底，必须设置垫层，并采用麻筋热沥青灌缝。对于大孤石较多的河床，不宜使用柔性护面。

3）格宾石笼

格宾石笼防护结构是一种将蜂巢形宾格网片组装成箱笼，并装入块（卵）石等填充料后，用作护岸的新技术。由于构成蜂巢格网防护体的钢丝具有一定的抗拉强度，不易被拉断，填充料之间又充满了空隙，具有一定的适应变形的能力。当地基情况发生变化时，如发生不均匀沉陷、地震等，箱内填充料受箱笼的约束不会跑到箱笼外，而会自行调整形成新的平衡；又因箱笼系柔性结构，所以防护工程表面可能会发生小的变异，但不会发生裂缝、使网箱被拉断从而造成防护体被破坏的现象。石笼网有其独特的结构，不仅整体结实，而且有很好的生态性，能抵抗风浪及洪流的冲刷作用，是典型的生态护岸结构。

4）混凝土浇筑稳管

混凝土浇筑（以下简称砼浇筑）稳管是针对管线穿越河（沟）道的敷设方式而设计的一种永久性的护底措施，适用于各类岩质河（沟）床。砼浇筑可以防止因河（沟）道的水流冲刷下切作用而使管线暴露，同时还可起到稳管作用。因此，砼浇筑只应用于有明显冲刷作用的石方段河（沟）道。当管线未全进入基岩时，应采用其他防护形式，此方案不宜采用。

浇筑之前，必须进行沟底清理，清除沟壁松动的石块和浮土，并且在管道上包裹5～

10mm 胶皮。混凝土浇筑形式为全管沟浇筑，应使其与稳定的岩石沟壁黏结紧密。混凝土顶面以上的管沟回坡采用原状土，以块（卵、碎）石土为宜。

5）浆砌石地下防冲墙

浆砌石地下防冲墙是针对管线穿越河（沟）道的敷设方式而设计的一种深层护底措施，适用于各类土质条件下的河沟床。常应用于有明显下切作用的河（沟）道。当管线全进入基岩时，应采用其他防护形式，此方案不采用。

浆砌石地下防冲墙设置在管线下游、主河（沟）道内，且应选择河道顺直、完整、断面较窄处。防冲墙必须与水流方向及两岸垂直，距管线净距离控制在 3～5m，最大距离不超过 10m。墙身必须嵌入稳定、完整的原河（沟）岸界内，每边 0.5～1m。

6）浆砌石谷坊

浆砌石谷坊是针对管线穿越河（沟）道的敷设方式而设计的一种抬高河沟床面的护底措施，适用于各类土质、岩质条件下的河床。石谷坊自身工程量较大、土方回填量较大，而且上淤了河床，改变了水流态势，通过回淤作用增大了管道的埋深。因此，浆砌石谷坊通常是为保证管线安全埋深的一种补救措施。

石谷坊设置在管线下游河沟道顺直、且较窄处，距管线净距离 2～5m，走向应与水流方向及两岸垂直。谷坊墙顶面原则上应高于管顶面 1m，顶面可依据原沟道的形状做成漫弧形。

7）植物谷坊

植物谷坊是针对管线穿越河（沟）道所设计的一种抬高河沟床面的护底措施，适用于宜于植被生长、石料缺乏地区的土质条件下的河床。通常，植物谷坊采用多座、梯次防护河沟床的形式。谷坊间距一般为 5～15m，结构形式为活柳（杨）木桩。用柳梢将柳木桩编成篱。内填草袋装土（可用黄土）。用铅丝把前后 2～3 排柳桩系牢，使之成为整体，加强抗冲能力。木桩选用直径为 8～12cm、生长力强的活木。柳桩呈"品"字形排列，打桩时勿伤外皮。为利于打桩，可将桩头削尖。

编篱自地表以下 0.2m 开始横向编制，与地面齐平。在背水面最后一排桩间铺柳枝厚 0.2m，桩外露枝 0.5m 作为海漫。谷坊中间主水槽部分可做成弧形以利溢水。编篱与桩间填土完毕后，在迎水面填土，与桩顶面齐平，厚 0.5～1m。

第4章 油气管道地质灾害监测技术

管道地质灾害监测是通过监测仪器直接或间接地获得地质灾害体和管道不同时刻的活动状态数据，判断地质灾害体和管道的安全状态，并预测其未来一段时间的活动趋势，为下一步防治决策提供依据。相比工程治理，监测的实施周期短、成本低，能避免盲目实施工程造成的经济浪费。提前预警能有效减少突发性灾害造成的管道受损破裂从而导致人员伤亡以及经济损失。

4.1 管道地质灾害监测内容与分级

从工作形式和工作深度上划分，管道地质灾害监测内容可分为巡检和专业监测两种形式。巡检是具备一定专业知识的人员到灾害现场用肉眼或结合简易监测手段观察灾害的活动特征，主要是宏观活动特征；专业监测是由地质灾害专业人员实施，需使用专门设备。

对风险等级较低及以上的管道地质灾害点都应进行定期巡检，并建立管道地质灾害的群测群防体系，对于群众发现举报的灾害异常，应及时进行现场查证核实。

专业监测是针对滑坡、崩塌、泥石流等重大管道地质灾害开展的。采用专业监测的应是风险等级处于高或较高级别的灾害点，对其他风险等级的灾害点也可以根据需要开展专业监测。

监测站（点）按其对管道的危害程度划分为三级，标准参见表4.1。

表 4.1　监测点重要性分级

监测站（点）分级	说明
I	1. 风险等级为高和较高但难以实施工程防治措施的灾害点； 2. 需进行应急防治的灾害点
II	除第 1 种情况外的风险等级为高或较高的灾害点
III	风险等级为中及以下的灾害点

4.2 管道地质灾害监测目的与任务

管道地质灾害监测的主要目的就是查明灾害体变形对管道的影响，为防治工程设计提供依据，对不宜处理或十分危险的灾害体，监测其动态，及时预警，避免人员伤亡及管道破坏，造成损失。

管道地质灾害监测的主要任务有以下几个方面。

（1）监测管道地质灾害及其作用下管道的形变或活动特征及相关要素。

（2）研究管道地质灾害的地质环境、类型、特征，分析其形成机制、活动方式和诱发其变形破坏的主要因素与影响因素，评价其稳定性；研究地质灾害与管道的相互作用机制，得到其对管道的影响方式和危害程度。

（3）研究和掌握管道地质灾害发育与分布规律、变形破坏规律及其发展趋势，以及在该种灾害作用下管道的稳定发展趋势，为管道保护和地质灾害防治工程勘察、设计、施工提供资料。

（4）对于完成工程治理的灾害点，为检验防治工程效果提供资料。

（5）结合管道安全允许应力应变等条件，研究制定灾害的活动、变形破坏依据、预警阈值以及地质灾害作用下管道的应力应变安全预警阈值，及时预测预报灾害可能发生或达到变形量阈值的时间、位置和危害程度。

4.3　管道地质灾害监测类型

监测类型按照监测对象不同总体分为四大类，即变形监测、物理与化学场监测、地下水监测和诱发因素监测。

4.3.1　变形监测

岩土类灾害一般表现为岩土体的移动，因此岩土体的位移变形信息的监测是地质灾害监测的重要内容。由于其获得的是灾害体位移变形的直观信息，特别是位移变形信息，往往成为预测预报的主要依据之一。

变形监测包括地表位移监测和深部位移监测两大类。

（1）地表位移监测。根据监测方式的不同又分为绝对位移监测和相对位移监测。绝对位移监测是监测变形区岩土体相对外围稳定岩土体的位移，是变形区的绝对位移；相对位移监测是监测变形区局部岩土体或构件与另一部位岩土体或构件的相对变形，因此这种监测获得的是相对位移，应用较多的是裂缝监测，如滑坡地表裂缝、危岩体裂缝和房屋、公路、挡墙等构筑物的裂缝。地表位移监测是最常规的监测内容，应用十分广泛。

（2）深部位移监测。深部位移监测主要用来监测变形区岩土体相对于深部稳定性岩土层的变形，也用来监测不同岩土层的相对变形。深部位移监测也是地质灾害监测的重要内容。

4.3.2　物理与化学场监测

在岩土体稳定状况发生变化时，灾害区的物理场与化学场会发生变化，而且这些信息往往先于明显位移表现出来，具有超前性。这些信息可以间接反映地质灾害的活动状态，因此对这些信息进行监测具有重要意义。

物理与化学场监测包括应力场监测、地声监测、电磁场监测、温度监测、放射性测量监测、汞气监测等。其中应力场监测主要适用于崩塌、滑坡、泥石流地质灾害体特殊部位或整体应力场变化监测；地声监测主要适用于岩质崩塌、滑坡等地质灾害活动过程中的声发射事件监测；电磁场监测主要适用于灾害体演化过程中的电磁场变化监测；温度监测主要适用于监测滑坡、泥石流等地质灾害在活动过程中灾害体温度变化信息；放射性测量监测主要适用于监测裂缝、崩塌等灾害体特殊部位的氡气异常；汞气监测主要适用于监测裂缝、崩塌等灾害体特殊部位的汞气异常。

4.3.3　地下水监测

大部分地质灾害的形成、发展均与灾害体内部或周围的地下水活动关系密切，同时在灾害生成的过程中，地下水的本身特征也相应发生变化。地下水监测也是地质灾害监测的重要内容之一，主要分为地下水动态监测、孔隙水压力监测、地下水质监测三类。其中，地下水动态监测主要适用于监测滑坡、泥石流、地面塌陷等地质灾害的地下水动态变化；孔隙水压力监测主要适用于监测滑坡、泥石流等地质灾害体内孔隙水压力变化；地下水质监测主要适用于监测滑坡、泥石流等地质灾害体的地下水质动态变化。

4.3.4　诱发因素监测

地质灾害的发生受内在因素和外在因素共同影响，外在因素又可称为诱发因素，内在因素是灾害形成的基本条件，而诱发因素是灾害发生的触发条件，对诱发因素进行监测可以用来预测灾害的活动。

诱发因素监测包括气象监测、地下水动态监测、地震监测、人类工程活动监测等。降水、地下水活动是地质灾害的主要诱发因素，降水量大小与时空分布特征是评价区域性地质灾害的主要判别指标之一，人类工程活动也是管道地质灾害的主要诱发因素之一，因此地质灾害诱发因素监测也是地质灾害监测技术的重要组成部分。

4.4　管道地质灾害监测方法

根据监测手段的不同，管道地质灾害监测方法可分为宏观地质观测法、简易地质监测法、专业监测法等，随着监测技术的飞速发展，越来越多的先进技术被应用到管道地质灾害监测中。

4.4.1　宏观地质观测法

所谓宏观地质观测法，是用常规地质调查方法，对崩塌、滑坡、泥石流灾害体的宏观变形迹象和与其有关的各种异常现象进行定期的观测、记录，以便随时掌握灾害的变形动态及发展趋势对管道的影响，达到科学预报的目的。

该方法具有直观性、动态性、适应性、实用性强的特点，不仅适用于各种类型灾害不同变形阶段的监测，而且监测内容比较丰富，获取的前兆信息直观可靠，可信度高，方法简易经济，便于掌握和普及推广应用。宏观地质观测法可提供灾害短期预报的可靠信息，即使目前主要采用先进的仪表观测及自动遥测等方法监测灾体的变形，该方法仍然是不可缺少的。

一般情况下，突发性灾害很难捕捉到，例如斜坡体上的短暂瞬时宏观变形和其他变形现象，而累进性灾害在一定时段内均有明显的宏观变形形迹及其他异变现象，这些宏观变形形迹及异变现象被称为灾害前兆信息。准确捕捉这些信息并进行动态综合分析，对灾害的预测预报、保护管道及减少地质灾害对管道的危害具有重要的意义。

4.4.2 简易地质监测法

所谓简易地质监测法，是指借助于简单的测量工具、仪器装置和量测方法，监测灾害体、管道位移变化的监测方法。该类监测方法具有投入快、操作简便、数据直观等特点，既可以由专业技术人员作为辅助方法使用，也可由非专业技术人员在经培训后使用，是管道地质灾害群测群防中常用的监测方法。

1. 埋桩法

埋桩法适合对崩塌、滑坡体上发生的裂缝进行观测。在斜坡上横跨裂缝两侧埋桩，用钢卷尺测量桩之间的距离，可以了解滑坡变形滑动过程。对于土体裂缝，埋桩不能离裂缝太近（图4.1）。

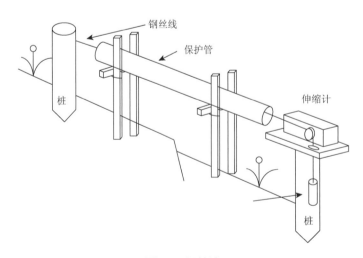

图 4.1 埋桩法

2. 上漆法

在崩塌裂缝的两侧用油漆各画上一道标记，与埋桩法原理是相同的，通过测量两侧标记之间的距离来判断裂缝是否存在扩大（图 4.2）。

3. 其他方法

地质灾害群测群防监测方法除了采用埋桩法、上漆法和灾害前兆观察等简单方法外，还可以借助简易、快捷、实用、易于掌握的位移、地声、雨量等群测群防预警装置和简单的声、光、电报警信号发生装置，来提高监测预警的准确性和临灾的快速反应能力。

对于滑坡、崩塌灾害群测群防监测，可以使用裂缝报警器（图 4.3）、滑坡预警伸缩仪（量程大、阈值报警，适用于各种滑坡裂缝监测）（图 4.4）、

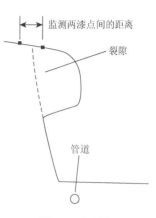

图 4.2　上漆法

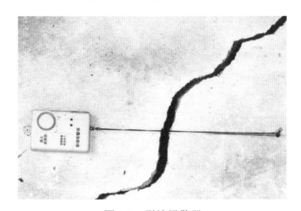

图 4.3　裂缝报警器

图 4.4　滑坡预警伸缩仪

简易裂缝位移计（精度高、阈值报警、多通道，适用于岩质滑坡和建筑物裂缝监测）、简易超声波位移计（量程大、非接触、阈值报警，适用于各种滑坡裂缝监测）和简易雨量计进行监测预警。

对于泥石流灾害群测群防监测，可以使用简易地声监测仪（多通道、阈值报警）、泥石流监视预警仪（震动或视频变化触发工作）和简易雨量计进行监测预警。

4.4.3 专业监测法

专业监测法主要包括三维激光扫描技术、无人机技术、光纤光栅技术、全站仪技术、GPS 技术、深部变形监测技术、裂缝监测技术、滑坡变形（位移）观测技术、应力应变监测技术、雨量监测技术、管体应力变化监测技术等。

4.4.3.1 三维激光扫描技术

三维激光扫描技术又被称为实景复制技术，是测绘领域继 GPS（global positioning system，全球定位系统）技术之后的一次技术革命。它突破了传统的单点测量方法的局限性，具有高效率、高精度的独特优势。三维激光扫描技术能够提供扫描物体表面的三维点云数据，因此可以用于获取高精度高分辨率的数字地形模型。

传统的变形监测是基于点的变形监测，是通过测量手段获得监测点的水平、垂直位移量及变形速率。三维激光扫描技术（图 4.5）是在传统变形监测方法的基础上，结合多次扫描区域的点云数据，通过比较地表特征点的信息、特定区域土方量的变化信息，利用点、面结合的方法对灾体进行监测，掌握灾体变化规律。

图 4.5 三维激光扫描技术

4.4.3.2 无人机技术

地质灾害具有突发性与难以预知性、分布呈小规模、数量多的特点，导致仪器监测缺乏目的性，专业监测仪器由于成本高而受到限制不能大范围利用，无人机遥感技术多类型遥感数据获取由于成本较低而具有较高的实用性（图 4.6）。尤其是在地形特殊、人力调查难以进行的区域，无人机灵活作业，云下飞行优势会为地质灾害监测带来极大帮助。

图 4.6　无人机技术

无人机遥感系统由空中部分、地面部分和数据后处理部分组成。空中部分包括遥感传感器子系统、遥感空中控制子系统、无人机平台。遥感传感器子系统主要指无人机搭载的各种遥感设备，遥感空中控制子系统是对传感器系统进行稳定和拍摄任务的控制。地面部分包括航迹规划子系统、地面控制子系统以及数据接收显示子系统。航迹规划子系统是在航飞前按照应用要求、飞行作业区特点、飞行器和遥感器性能参数规划出飞行区域的航线与拍摄点。地面控制子系统与无人机平台相互配合实现对飞行状态的精确控制。数据后处理部分包括影像数据预览子系统、影像数据后处理子系统，作用是对影像数据进行加工，以提取有效信息。

4.4.3.3　光纤光栅技术

光纤光栅技术对测量点能精确定位，具有高分辨率、低成本、能适应各种恶劣环境等优点。光纤光栅传感器很容易被埋入岩土体中，根据后向散射光原理，对其内部的应变和温度进行高分辨率和大范围测量，技术优势非常明显，尤其体现在能获得长期、可靠的岩土体变形数据方面。后向散射光原理如图 4.7 所示，光纤光栅技术工作流程如图 4.8 所示。

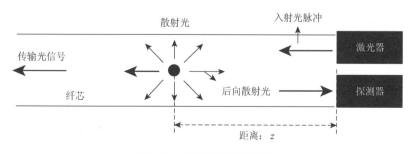

图 4.7　后向散射光原理图

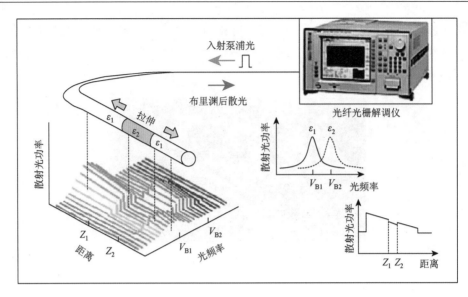

图 4.8　光纤光栅技术工作流程示意图

在地质灾害监测应用中，通常将光纤光栅埋设于构筑物载体中，岩土体发生变形后引起构筑物的变形，构筑物的变形由光纤光栅测出，即可反映岩土体的变形。

采用光纤光栅技术对地质灾害表部位移进行监测时，需要设置构筑物作为光纤光栅的载体，可选择格构梁、截排水沟、挡墙等与地质灾害岩土体同步变形的构筑物。将光纤光栅埋置于建筑物构件中，构件发生变形时引起光纤光栅发生拉压变形，监测光纤光栅的应变即可反算构筑物的变形。埋设光纤光栅时应注意封装保护，随时检测光栅是否完好，引出的光纤连接到光缆，光缆可同时连接多个监测点的光纤，光缆接入室内的光纤光栅解调仪，由光纤光栅解调仪读取首期数据（图 4.9）。

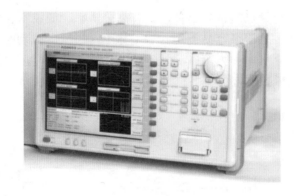

图 4.9　光纤光栅解调仪

基于光纤光栅技术的地质灾害地表变形监测可以实现实时自动监测，光纤接入解调仪，解调仪与现场计算机连接，由计算机控制，定期采集数据，并自动处理；也可人工定期携带光纤光栅解调仪到现场采集数据。监测期间应注意光纤引线的保护。

基于光纤光栅技术的地质灾害地表变形监测最终可以获得地表变形量,应绘制位移和变形速率与时间、雨量等因素的关系曲线（图 4.10）,用以后期分析、预警。

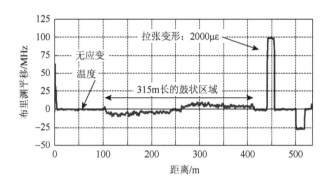

图 4.10　光纤光栅技术监测地表变形关系曲线

4.4.3.4　全站仪技术

全站仪可以进行水平角测量、距离测量和坐标测量,在应用于地质灾害监测时,主要利用其坐标测量技术,一般用于监测变形区地表的绝对位移（图 4.11）。

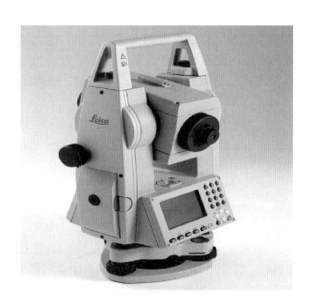

图 4.11　全站仪监测技术

使用全站仪技术进行地质灾害变形区地表变形监测时,需要在变形区外稳定区域建立监测基准点,在变形区内设置变形监测点,在基准点埋设钢筋混凝土监测基准墩,并预埋强制归心盘和仪器对接的螺帽,埋设强制时归心盘尽可能保持水平。在变形监测点处埋设钢筋混凝土变形墩,变形墩顶埋设站牌、棱镜接口螺丝。

监测基准点必须选择在变形区域外的稳定区域，其位置长期稳定，在监测期间坐标不变。一般设置三个以上的监测基准点，以相互校准。

变形监测点根据监测目的组成监测网（图 4.12），变形监测点与监测基准点之间必须可以通视。

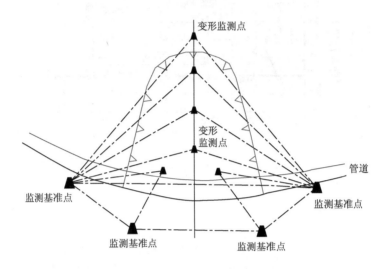

图 4.12　滑坡变形监测网

在监测基准点上架设全站仪，在变形监测点架设棱镜，建立局部坐标系，测量变形监测点的坐标，两次时间间隔内变形监测点的坐标变化即为该变形监测所在区域的地表变化。全站仪应用于地质灾害监测时的精度达到毫米量级，能满足地质灾害监测精度的要求。

全站仪监测成果整理时，首先检查数据和计算结果是否正确，计算两期观测的变形量和累计变形量，计算三向位移、位移主方向和沉降量，并绘制位移和变形速率与时间、降雨量等因素的关系曲线，用以后期分析、预警。

4.4.3.5　GPS 技术

GPS 技术在地质灾害监测中采用静态测量、相对定位。GPS 技术应用于地质灾害监测时，一般采用单频接收机。其应用与全站仪技术相同：建立局部坐标系，利用监测基准点的坐标计算变形监测点的坐标，两次时间间隔测量的坐标的变化即为该变形监测点的位移变化（图 4.13）。

GPS 技术检测的准备工作与全站仪技术监测的准备工作基本相同，不同的是，采用 GPS 技术监测时，变形监测点上的监测墩结构与全站仪监测的基准墩结构相同，这是因为采用 GPS 技术监测时变形监测点上也需要架设 GPS 接收机。采用 GPS 技术的监测基准点和各变形监测点之间不需要通视，并且可以有较大的距离，但四周应尽可能开阔，以免影响卫星信号的接收。

图 4.13   GPS 技术

采用单频接收机进行监测时至少需要三台 GPS 接收机,其中两台放置于监测基准点,其他的用于变形监测点,为保证监测精度,一般每个变形监测点监测的时间不少于 2h。GPS 接收机现场作业不受天气、时间影响。

GPS 数据经专业软件处理后即可获得各监测点的坐标数据。GPS 技术监测成果的整理方式与全站仪相同。

4.4.3.6   深部变形监测技术

1. 钻孔倾斜仪技术

钻孔倾斜仪(图 4.14)监测是观测岩土体内部水平位移的基本方法之一,是目前岩土边坡工程中较为有效的监测手段。它可以测量钻孔内各个部位的水平位移,以判断岩体产生位移的部位、大小和方向。定期观测可获得时间与位移及位移速率的关系,为预报险情提供参考资料。

图 4.14   钻孔倾斜仪

　　钻孔倾斜仪的成本较高，主要原因是需要在待测变形区钻孔，钻孔可与灾害点的工程地质勘查相结合（图4.15、图4.16）。

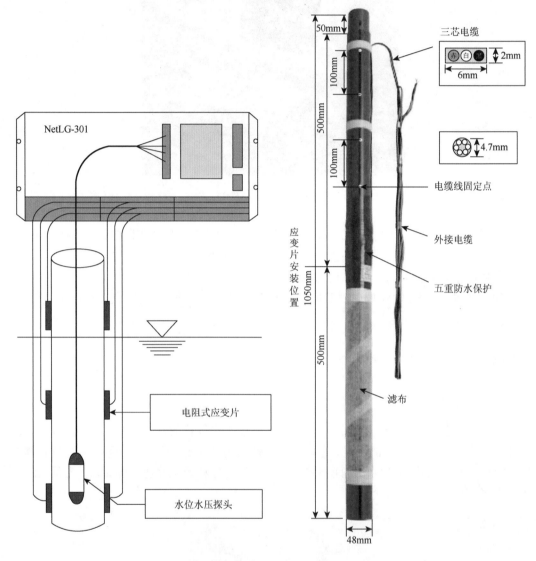

图4.15　多点钻孔应变式倾斜仪

　　观测时将侧头导轮卡置在测斜导管的导槽内，轻轻将测头放入测斜导管中，放松电缆使测头滑至孔底，记下深度标志。当触及孔底时，应避免激烈的冲击。测头在孔底应停留5min，以便在孔内温度下稳定。将测头拉起至最近深度标志作为测读起点，每0.5m测读一个数，利用电缆标志测读至管顶端为止，每次测读时都应将电缆对准标志并拉紧，以防读数不稳。将测头调转180°重新放入测斜导管中，将探头滑至孔底，重复上述步骤。

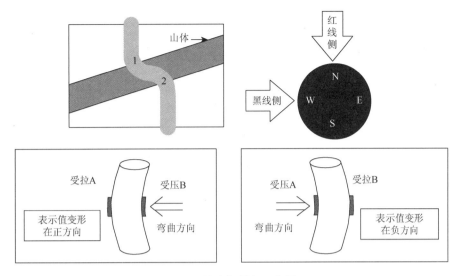

图 4.16　钻孔倾斜仪工作原理

整理两次监测数据可获得每一处岩土层位移变化值，位移是从导管底端开始，将每一处变化值作代数和，累加到导管顶端。一般由钻孔测斜仪配置的软件系统自动计算。

2. 光纤光栅测斜管技术

光纤光栅测斜管也需要在待测变形区域钻孔，钻孔需要深入变形岩土体下稳定岩土层。光纤光栅测斜管的准备工作包括选点、下放测斜管、测斜管保护等。光纤光栅测斜管对钻孔的要求与钻孔测斜仪相同。光纤光栅应变传感器应进行封装，以防止在粘贴、下放测斜管和土体变形过程中损坏。应变计的粘贴间距根据土层情况确定，一般为 2～5m，对软弱层，在覆盖层与基岩分界面等有可能是滑动面的层位，应加密为 1～2m。每个孔内还应粘贴一个温度传感器。为防止应变管上的光纤在下放过程被孔壁硬物挤压，可在应变管上刻深约 3mm 的凹槽保护光纤。现场监测工作与光纤光栅应用与地表表部变形监测相同。

地质灾害深部位移数据处理，是利用测斜孔中应变管上光栅的应变值，计算出沿钻孔孔深的水平向位移分布。

4.4.3.7　裂缝监测技术

裂缝监测技术主要使用裂缝计，裂缝计应用时应根据裂缝的变化范围、速率及周围环境确定裂缝计的类型、量程和灵敏度。前期准备工作包括选择待测裂缝，根据裂缝计长度在裂缝两侧钻孔安装固定锚杆，安装裂缝计并根据裂缝张开、闭合趋势调整裂缝计伸缩量程，做好裂缝计数据线的保护，并采集初始数据（包括裂缝计模数和温度）。

裂缝计现场作业简单，定期采集裂缝计的模数和温度数据，也可以将裂缝计连接于自动采集系统，定期自动采集数据。经温度修正后可以获得裂缝变化，从而绘制裂缝宽度与时间、雨量等因素的关系曲线，用以分析预警。

4.4.3.8 滑坡变形（位移）观测技术

用于滑坡变形（位移）观测的仪器也称滑坡裂缝计、滑坡变形观测仪。它主要用于对滑坡地表裂缝、建筑物裂缝的变形位移的观测，可以直接得到连续变化位移-时间曲线，能满足在野外条件下工作的长期性、稳定性、可靠性、坚固性要求。滑坡变形（位移）观测仪适用于长期野外工作，记录到的数据曲线直观、干扰少、可信度高，故应用非常广泛。滑坡裂缝较多，在滑坡体上分布广，因此所需仪器数量较多，分布广。每一台观测仪器只反映了一条观测裂缝的位移变形，这也对观测信息的集成传输造成了一定的困难，一般都需要人工操作仪器。另外在滑动出现情况时，存在其他人员不宜接近的缺点。

4.4.3.9 应力应变监测技术

应力应变监测技术适合埋设于钻孔、平硐、竖井及其他构筑物内，直接或间接监测岩土体内不同深度应力、应变情况，一般使用的仪器包括地应力计、压缩应力计、管式应力计、锚索（杆）测力计、钢筋计等。

1. 土压力监测技术

土压力监测一般使用土压力盒及其接收仪，按使用要求分，有接触式土压力盒、土中土阻应变仪、钢弦频率测定仪和光纤光栅解调仪。各种土压力盒结构外形基本相同，只是传感器不同。使用时根据需要选择合适的土压力盒。

埋设土压力盒时，应该注意对土体的扰动，与结构物固定的程度（接触式土压力盒）、膜盒与土的接触情况（土的粒径、全面接触或局部接触等），如图 4.17 所示。

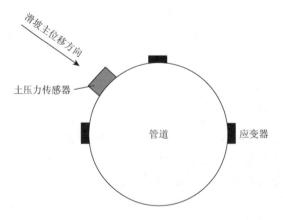

图 4.17 管道截面处土压力盒的位置示意图

土中土压力盒的埋设应注意回填土的性状应与周围土体保持一致，否则会引起土压力的重新分布。接触式土压力盒的埋设应根据不同工程对象采用不同的方法。在结构物侧面安装土压力盒时，应在混凝土浇筑到预定高程时，将土压力盒固定到监测的位置上，土压力盒承压面必须与结构物表面齐平。在结构物基底上埋设土压力盒时可先将土压力盒埋设在预设的混凝土块内，整平地面，然后放上土压力盒，并将预制块浇筑在基底内。在管体布设土压力盒时应粘贴于防腐层外，压力盒的安装位置应选择在顺土体的方向上。

除土压力盒的埋设外，电缆线的埋设也是至关重要的。否则在施工中容易遭受破坏。各测头电缆按一定路线集中于观测站中，并将土压力盒的编号、规格及埋设位置、时间等记入考证表内。

2. 构筑物应力应变监测

这里的构筑物主要是指地质灾害防治的各类支挡工程，如抗滑桩、锚索（杆）、支撑柱（危岩体治理）等。这类监测一般采用锚索（杆）测力计、钢筋计等。锚索（杆）测力计用于预应力锚固工程中的锚固力监测，钢筋计用于监测抗滑桩等支挡构筑物中钢筋应力变化。

4.4.3.10　雨量监测技术

雨量传感器，又称雨量计（图 4.18），是一种水文、气象仪器，用以测量自然界雨量。同时，将雨量转换为开关量形式表示的数字信息输出，可满足信息传输、处理、记录和显示等需要。

图 4.18　雨量计

地质灾害雨量监测一般采用自动记录、电池供电、自带数据采集器的翻斗式雨量记录仪。仪器由承雨器部件和计量部件组成。承雨口采用国际标准口即直径 200mm 的计量组件，是一个翻斗式机械双稳态结构，其功能是将以毫米计的降雨深度转换为开关信号输出。该仪器的内置数据采集器同时可以反映降雨强度、降雨时间及降雨次数。数据采集器可与数据传输装置相连，如采用 GPS 技术可将监测数据用手机信号的方式发送给室内接收终端。

雨量传感器应安装在空旷的场地，并保证其上方 45°的仰角范围内无遮挡物，若四周有植被应定期修剪，使其高度不超过雨量计受水器。底盘应固定在混凝土底座或木桩上，保持受水器器口水平。

4.4.3.11　管体应力变化监测技术

1. 管体应力分析仪技术

管道的应力测量可采用应力分析仪技术。应力分析仪是通过 X 射线探测管体金属晶体晶格间距计算管体应力大小，可在现场或实验室精确测量管道应力。该应力包含了管道内介质压力产生的管体应力、建设期间的残余应力、温度变化导致的应力及地质灾害附加于管道的应力等，这对判断管体材料的强度安全状态、储备及强度破坏预测至关重要。

采用应力分析仪测量管体应力时，需要开挖出管道，清除管道防腐层，且应力分析仪成本较高，维护复杂。因此，一般不用应力分析仪直接监测管体应力，而是测量出管体应力作为初始应力，用应变片等常规仪器监测其后管体应力变化。

2. 管体应变计监测技术

应变计监测是将应变计固定在被测物体表面，当物体受力应变有变化时带动应变计变形，通过应变计即可获得被测物体的应变。根据灾害体活动情况，确定监测截面，监测截面一般选择在管体应力可能最大的位置，截面间距一般可取 70～90m。

地质灾害等外力对管道的作用主要反映在轴向，因此在管体应力监测中，主要关注管体的轴向应力。当采用应变计对管道进行应变监测时，为获得管体截面每一点的轴向应力，进而获得最大值，至少需要在管体每个截面布设三个应变计，为了易于计算，应变计可以布设在 12 点、3 点和 9 点位置，也可以沿截面均布，但前者更容易施工，如图 4.19 所示。

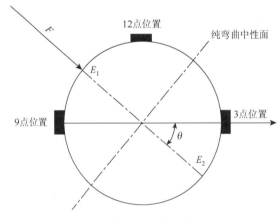

图 4.19　管体应变计安装位置

F 为外力；E_1、E_2 为纯弯曲中性面

为了获得真实的管体应变，应变计应安装在管道的金属外壁，可采用点焊或粘贴的方式。安装前需要清除管道防腐层，安装完毕后注意防护层的恢复，特别注意在应变计的引

线位置。在安装过程中注意应变计的抗压量程，并实时检测应变计是否完好，安装完毕后采集初始数据。应变计监测数据可以采用人工定期采集，也可以安装自动采集系统。

在外力影响下，管道截面上每一处的轴向应力大小是不同的。管体应变数据处理是通过管体的位置的应变，计算管体截面上每一点的管体轴向应力，确定最大轴向拉应力和轴向压应力的大小及其位置。

4.5　单体地质灾害监测

单体地质灾害监测主要包括崩塌、滑坡、泥石流、水毁等主要管道沿线地质灾害的监测，其监测方法分为简易监测和专业监测两类。

根据灾害风险等级的不同，可选取不同精度的监测方式，风险较高、高的灾害点可选用专业监测，风险中等、较低、低的可选取简易监测；对于不同类型的地质灾害，根据灾害对管道的危害程度，可以选取对不同的监测手段，例如地表变形监测、深部变形监测、裂缝监测、应力应变监测等，各类型单体地质灾害监测技术与方法参见表 4.2。

表 4.2　单体地质灾害监测技术与方法

监测方法		监测技术	滑坡	崩塌	泥石流	水毁
简易监测		定期巡检	√	√	√	√
		埋桩法	√		√	√
		上漆法	√	√		
		裂缝报警器	√	√		
		滑坡预警伸缩仪	√			
		泥石流监视预警仪			√	
		简易雨量计	√	√	√	√
专业监测	地表变形监测	三维激光扫描技术	√	√	√	√
		无人机技术	√		√	√
		光纤光栅技术	√			
		全站仪技术	√			
		GPS 技术	√		√	
	深部变形监测	钻孔倾斜仪	√			
		光纤光栅测斜管	√			
	裂缝监测	滑坡变形观测仪	√			
		专业裂缝计	√	√		
	应力应变监测	土压力盒	√		√	√
		应力分析仪	√	√	√	√
	雨量监测	雨量传感器	√	√	√	√

4.6 滑 坡 监 测

滑坡监测的主要目的是了解和掌握滑坡体的演变过程，及时捕捉滑坡灾害的特征信息，为滑坡的正确分析评价、预测预报及治理提供可靠资料和科学依据。其监测结果也是检验滑坡分析评价结果及滑坡治理工程效果的依据。

4.6.1 滑坡监测的主要内容

滑坡监测既是滑坡调查、研究和防治工程的重要组成部分，又是滑坡地质灾害预测预报信息获取的一种有效手段，通过监测可掌握滑坡的变形特征及规律，预测预报滑坡体的边界条件、规模、滑动方向、失稳方式、发生时间及危害性，及时采取防灾措施，尽量避免和减轻灾害损失。现代滑坡灾害监测内容不断扩大与完善，分析方法不断提高，逐渐形成了较为完善的监控体系，归纳起来大致包括以下主要内容。

（1）地质宏观监测。主要包括滑坡裂隙、建筑物裂缝和泉水动态等；此外，地表隆起、位移、地面沉降、塌陷也是地质宏观监测的主要内容。

（2）地表位移监测。主要包括滑体的三维位移量、位移方向、位移速率、绝对位移量等。

（3）深部位移监测。主要包括深部裂缝、滑带等点与点之间的绝对位移量和相对位移量。

（4）地下水监测。主要包括钻孔、井水水位及水压力、泉水的动态变化等。

（5）地表水监测。主要包括与滑体有关的河、沟、渠的水位，水量，含砂量等动态变化及农田灌溉用水的水量等。

（6）气象监测。主要包括雨量、降雪量、融雪量、气温、蒸发量等内容。

（7）地声监测。地声监测主要测量危岩体变形破坏时所释放应力波的强度和信号特征。

（8）地应力监测。主要监测滑体内不同部位的应力变化和地表应力变化情况，分辨拉力区和压力区。这些物理量不能直接反映变形量，但能反映变形强度，可配合其他监测资料，分析变形动态。

（9）人类活动监测。包括人类工程活动，如开山造田、修建工程建筑物、开挖路堑、水利水电工程建设、边坡开挖等。

现有研究表明，不同类型滑坡其监测的内容也存在一定程度的差异。如降雨型土质滑坡应主要监测地下水、地表水和降水动态变化。降雨型岩质滑坡还应增加裂缝的充水情况、充水高度等监测内容。冲蚀型滑坡应主要监测前缘的冲蚀和开挖情况、坡角被切割的高宽度、倾角及其变化情况等。洞掘型滑坡应监测倾斜、地声和井下地压。此外，同一类型的滑坡由于其诱发因素不同，其监测的重点也不同。如对土质滑坡而言，南方红土地区滑坡主要诱因为降雨。因此应该重点监测雨量及降雨时间。而对西北黄土地区的土质滑坡而言，可能部分是由于冻融导致滑坡产生。在此情况下，应重点监测温度变化所引起的土中含水量的变化。

4.6.2　滑坡监测传统方法

滑坡监测通常是将室外现场观测、实验室试验和理论分析相结合。在理论分析和实验室研究工作中，国内外已有多种方法，如三重蠕变曲线分析方法、半对数曲线法和变形速度倒数法等。这些方法都是离线式和非实时性的。在现场实测中，滑坡监测方法有简易观测法、设站观测法、大地测量法、地表大地变形监测法、边坡表面裂缝监测法和边坡深部位移监测法等。下面将就各种方法的特点作简要的介绍。

1. 简易观测法

简易观测方法通过人工观测边坡工程中地表裂缝、地面鼓胀、沉降、坍塌、建筑物变形特征（发生和发展的位置、规模、形态和时间等）及地下水位变化、地温变化等现象，在边坡体关键裂缝处埋设骑缝式简易观测柱；在构筑物裂缝上设置简易玻璃条等；定期用各种长度量具测量裂缝长度、宽度、深度变化及裂缝形态、开裂延伸的方向等状况。简易观测法是通过对滑塌和滑坡的变形迹象和与其有关的各种现象进行定期的观测、记录，掌握滑坡的变形动态和发展趋势，是一种较为常用的观测方法。

2. 设站观测法

设站观测法是指在充分了解了现场的工程地质背景的基础上，在边坡上设立变形观测点（成线状、网络状）的一种测量方法。该方法通过在变形区影响范围之外的稳定地点设置固定观测站，使用经纬仪、水准仪、测距仪等仪器定期测量变形区内网点的三维位移变化。其优点是远离变形区，无主观成分，比简单观测法客观、精密；其缺点是需专人执守，仪器贵重，且连续观测能力较差。

3. 大地测量法

大地测量法主要包括有两个或三个方向前方交会法、距离交会法、视准线法、小角法、测距法、几何水准测量法，以及精密三角高程测量法等。常用前方交会法、距离交会法监测边坡的二维水平位移；常用视准线法、小角法、测距法等监测边坡二维垂直位移。

4. 地表大地变形监测法

地表大地变形监测是边坡监测中常用的方法。通常使用的仪器有两类，其中一类是大地测量仪器，如红外测距仪、经纬仪、水准仪、全站仪、GPS 等，通常用来定期监测地表位移。对于需要连续监测地表位移变化的通常采用位移传感器、地表位移伸长仪等。

5. 边坡表面裂缝监测法

边坡表面裂缝监测内容包括裂缝的拉开速度和两端扩展的情况。地表裂缝错位检测可采用伸缩仪、位错仪或千分卡直接测量。对于建筑规模小、性质简单的土坡，在裂缝两侧设桩、设固定标尺或在建筑物裂缝两侧贴片等方法，可直接测得位移量。

6. 边坡深部位移监测法

该方法是监测边坡整体变形的重要方法。目前国内使用较多的仪器是钻孔引伸仪和钻孔倾斜仪两大类。钻孔引伸仪是一种传统的测定岩土体沿钻孔轴向移动的装置，它用于位移较大的滑体监测，分为埋设式和移动式两种。钻孔倾斜仪应用到边坡工程的时间不长，它是测量垂直钻孔内测点相对孔底的位移。观测仪器一般能连续测出钻孔不同深度相对位移的大小。因此，这类仪器是观测岩土体深部位移，确定潜在滑动面和研究边坡变形规律较理想的设备，目前在边坡深部测量中得到较多地使用。

4.6.3　滑坡监测新技术

随着现代传感技术的发展，近年来滑坡监测方法取得了长足的进步，滑坡监控的精度显著提高且范围显著扩大，各种新方法和新型装置已广泛应用于工程实际。目前较为先进的方法主要有以下几种。

1. GPS 法

GPS 定位技术目前已在滑坡、地面沉降、地震、地裂缝等地质灾害监测方面得到广泛应用。通过跟踪 GPS 卫星的连续信号可以获取经度、纬度及三维坐标以坐标、距离和角度为基础，用新值与初始坐标之差反映目标的运动，实现监测变形的目的。该法适用于滑坡不同变形阶段地表三维位移监测。GPS 滑坡监测内容包括滑坡体与地表水平位移和垂直位移的监测。滑坡 GPS 监测分两级布点，即由基准点网和监测网组成。该方法可进行连续监测，具有全天候、高精度、全自动等优点。但在复杂地形区域卫星信号易被阻挡，多路径效应较为严重，对精度有一定影响。

2. 摄影测量法

该方法是将近景摄影仪放置在不同的固定测点上，同时对边坡范围内观测点摄影构成立体像，利用立体坐标仪量测像片上观测点三维坐标的一种新方法。该方法主要适用于变形速率较大的滑坡水平位移及危岩陡壁裂缝变化监测。它具有操作简单、可同时多点观测等优点。所得图片信息是滑坡地表变化的实况记录，但该方法在观测中的绝对精度较低，易受气候条件影响。

3. TDR 监测法

时间域反射测试技术（time domain reflectometry，TDR）是一种电子测量技术。长久以来一直被用于各种物体形态特征的测量和空间定位。TDR 监测法的基本思想是向埋入监测孔内的电缆发射脉冲信号，当遇到电缆在孔中产生变形时，就会产生反射波信号。经过对反射信号的分析，可确定电缆发生形变的程度和位置。该方法具有价格低廉、监测时间短、可遥测、安全性高等优点。但该方法不能用于需要监测倾斜的情况。此外，TDR 监测法监测滑坡的有效性是以其测试电缆的变形为前提，若电缆未产生变形破坏，就很难监测滑坡的位移状况。

4. OTDR 监测法

光时域反射计（optical time-domain reflectometer，OTDR）的基本原理是 M. K. Barnoski 博士于 1976 年首先提出的。该方法可以实时进行分布式温度测量，监测水工建筑物基础的渗流，监测水工建筑物或基础中发生的非连续性剪切变形，监测应力、应变等其他物理量。这种技术已在国外得到了较多的工程应用。如 Kihara 等将光纤分布于日本 Niyodo 河和 Sendai 河的河堤中，用偏振光时域反射来监测河堤的滑坡位移状况，取得了良好的效果。

这类方法具有较高的自动化，可全天候实时连续地观测滑坡状况，是今后滑坡监测发展的一个重要方向。

目前空间技术和网络技术的飞速发展，各种自动监测系统相继被开发，并被应用于滑坡灾害的自动监测。

4.6.4 滑坡监测实例（某滑坡监测）

1. 灾害概况

该滑坡体位于一南西-北东走向的山体斜坡下部，平面上呈"簸箕状"，滑坡体前缘位于斜坡底部冲沟上方陡坎处，后缘以危房后侧裂缝为界，左右两侧以冲沟为界，滑动面形态中上部平滑，下部陡。

滑坡整体相对高差约 95m，坡向 148°，坡度 15°～20°，宽 350m，长 450m，滑体厚 5～8m。坡体中部陡坎上方土体出现明显拉张裂缝（宽 10～15cm，长 10m，已多次回填），如图 4.20 所示。

图 4.20　中部陡坎上方土体裂缝

坡体中部与滑坡前缘堡坎均出现不同程度的变形,拉张裂隙明显,局部出现鼓胀变形,如图 4.21 所示。坡体上部分房屋也有不同程度的沉降与开裂,两条管道位于滑坡区中下部,受滑坡影响较大,如图 4.22 所示。

图 4.21　中部与前缘堡坎变形

图 4.22　该滑坡影响示意图

2. 监测内容

综合考虑此灾点的危害,对管道变形与受力最大处实施管道变形自动化监测,分析灾害对管道的影响,对超限情况及时预警;同时对滑坡变形最大处实施深部位移自动化监测,分析滑坡的发展趋势以及对管道的影响情况,为管道防护提供数据支持,并对滑坡区域的降雨量实施自动化监测,辅助分析滑坡变形情况。

3. 监测方案

1）管道受力监测方案

当管道受到滑坡影响产生应变时，主要表现为轴向应变，因此管体应变监测主要监测管道的纵向应变，滑坡对管道的作用如图 4.23 所示。图中 A、B、C 三处是管道的应变最危险的点，因为这三点承受最大的附加应变，其中 A 处、C 处主要承受剪应变，B 处承受最大的拉伸和压缩应变。

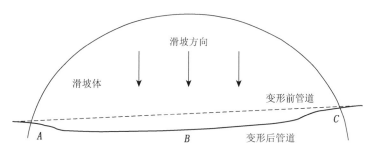

图 4.23　滑坡影响下管道变形示意图

采用应变计对管道的变形进行监测。如图 4.24 所示，在管道截面的 12 点钟、3 点钟、6 点钟和 9 点钟方向分别布设一支应变计，监测管道的应变。

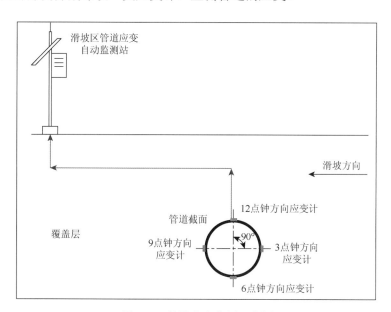

图 4.24　管道应变监测示意图

2）滑坡体深部位移监测方案

在滑坡体潜在变形最大部位布设深部位移监测孔，在监测孔内指定高程放置一组传感器（图 4.25），监测不同高程的位移变量，从而获取整个监测剖面的垂向位移变形曲线（图 4.26）。

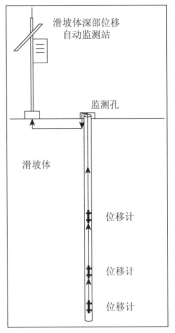

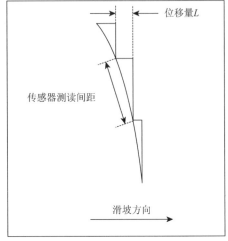

图 4.25　滑坡体深部位移　　　图 4.26　滑坡体深部位移变形曲线示意图

3）区域降雨监测方案

应用雨量计对滑坡区域的降雨情况进行自动化监测。通过实时采集区域降水量，为综合分析滑坡体发展趋势，提供数据支撑。

4. 监测系统组成

该滑坡自动监测系统组成如表 4.4 所示。监测站主要技术参数参见表 4.5。

表 4.4　滑坡自动监测系统组成

监测点名称	监测站布置			监测装置		
	监测站名称	单位	数量	主要监测设备	单位	数量
麻柳村滑坡监测	管道变形自动监测站	座	2	管道应变监测装置	套	20
	滑坡体深部位移自动监测站	座	4	深部位移监测装置	套	12
	降雨量自动监测站	座	1	雨量监测装置	套	1

表 4.5　自动监测站主要设备技术参数

序号	自动监测装置名称	主要技术参数
1	管道应变监测装置	测量标距：100mm；测量范围：±1500με；测量精度：±0.1% F.S；灵敏度：≤0.5με；温度测量范围：−40～+150℃；温度测量精度：±0.1℃；耐水压：≥1MPa；工作电压：12V DC；工作温度：−20～50℃；信号输出：RS485；安装方式：粘贴。

序号	自动监测装置名称	主要技术参数
2	深部位移监测装置	测量范围：±30°；测量灵敏度：≤9″； 测量精度：±0.1% F.S；测杆直径：25/32mm； 仪器轮距：500mm；仪器长度：700mm； 耐水压：≥1MPa；工作电压：12V DC； 工作温度：−20～50℃；信号输出：RS485； 安装方式：测斜管。
3	雨量监测装置	雨强范围：0.01mm～4mm/min；测量分辨率：≤0.5mm； 测量精度：≤±4%；工作电压：12V DC； 工作温度：−20～50℃；信号输出：RS485； 安装方式：支架。
4	远程终端单元	输入接口：支持振弦信号、RS485； 通信方式：支持 GPRS/4G/北斗； 支持定时与召测功能； 支持通讯异常情况下本地数据缓存，待网络连接后主动上报缺失数据功能； 存储容量≥128MB，确保存储的数据量＞3 年； 支持设备微功耗待机、休眠唤醒的良好电源管理技术； 支持工况信息上报；支持卫星定位信息上报； 工作电压：12/24V DC；工作温度：−25～65℃； 输出接口：RS232/485；安装方式：壁挂/支架。
5	数据传输单元	支持频段：支持 EGSM900/GSM1800MHz 双频，可选 GSM850/900/1800/1900MHz 四频；支持 GSM phase 2/2+；支持 GPRS class 10，可选 class 12； 带宽：85.6Kbps； 发射功率：GSM850/900：＜33dBm；GSM1800/1900：＜30dBm 灵敏度：＜−107dBm；电源：12V DC； 工作电流：200mA；接口：RS232； 工作温度：−25～65℃。

4.7　崩　塌　监　测

4.7.1　崩塌监测的主要内容和目的

　　崩塌监测的主要目的是具体了解和掌握崩滑体的演变过程，及时捕捉崩滑灾害的特征信息，为崩塌的正确分析评价、预测预报及治理工程提供可靠资料和科学依据，同时，监测结果也是检验崩塌分析评价经济治理工程的尺度。崩塌监测的主要内容是通过监测掌握崩塌的变形特征及规律，预测预报崩塌体的边界条件、规模、方向及失稳方式。

4.7.2　崩塌监测方法

　　在监测方法方面，归纳起来大致可分为五种：宏观地质观测法、简易观测法、设站观测法、仪表观测法和自动遥测法。

　　（1）宏观地质观测法：人工观测地表裂缝。地面鼓胀、沉降、坍塌、建筑物变形特征（发生、发展的位置、规模、形态、时间等）及地下水异变、动物异常等现象。

（2）简易观测法：设置跨缝式简易测桩和标尺、简易玻璃条和水泥砂浆带，用钢卷尺等量具直接量测裂缝相对张开、闭合、下沉、位错变化。

（3）设站观测法：设置观测点、站、线、网，常采用大地测量法（交会法、几何水准法、小角法、测距法、视准线法）、近景摄影法与 GPS 法等监测危岩、滑坡地面的变形和位移。

（4）仪表观测法（机测、电测）：主要有测缝法、测斜法、重锤法、沉降观测法、电感、电阻式位移法、电桥测量法、压磁电感法、应力应变测量法、地声法、声波法等机测、电测方法，监测危岩滑坡的变形位移、应力应变、地声变化等。

（5）自动遥测法：采用自动化程度高的远距离遥控监测警报系统或空间技术——卫星遥测，自动采集、存储、打印和显示危岩滑坡变形观测数据，绘制各种变化曲线、图表。

4.7.3　监测仪器类型

监测仪器类型比较多，大致分为测位移、测倾斜、测应力和测环境因素四大类。

（1）测位移类仪器包括多点位移计、伸长计、收敛计、短基线、下沉仪、水平位错仪、增量式位移计、三向测缝计附壁计等。

（2）测倾斜类仪器主要有钻孔倾斜仪（活动式与固定式）、Sinco 盘式倾斜测量仪、T 字形倾斜仪、杆式倾斜仪及倒垂线五种。目前国内使用的钻孔倾斜仪以美国 Sinco 公司产品居多，国内产品以航天部产的为主。T 字形、杆式倾斜仪及倒垂线多由监测单位自行设计安装调试。

（3）测应力仪器主要有压应力计和锚索锚杆测力计等，如国内丹东三达测试仪器厂生产的 GMS 型锚索测力计。

（4）测环境因素仪器主要有雨量计、地下水位自记仪、孔隙水压计、河水位量测仪、温度记录仪及地震仪等。

近年来，随着电子摄像激光技术及计算机技术的发展，监测仪器也正在向精度高，性能佳，适应范围广，监测内容丰富，自动化程度高的方向发展。各种先进的高精度的电子经纬仪、激光测距仪相继问世，为崩塌的监测提供了有效的新手段。

4.8　泥石流监测

4.8.1　泥石流监测的目的和内容

泥石流监测是泥石流研究的先行手段，是泥石流理论研究、实验研究、机理分析、物理过程、数学模拟以及预警的基础。因此，泥石流监测的主要内容有形成条件（物源、水源等）监测、运动特征（流动动态要素、动力要素和输移冲淤等）监测、流体特征（物质组成及其物理化学性质等）监测等。为了预防泥石流灾害，尽可能降低灾害对广大人民群众的生命财产威胁，自然资源部和应急管理部陆续采取了多项泥石流监测措施，逐步完善泥石流监测内容。

4.8.2　泥石流监测方法

1. 泥石流固体物质来源（物源）监测

泥石流物质来源是泥石流形成的物质基础，应对其地质环境和固体物质性质、类型、空间分布、规模进行监测。泥石流源区固体物质主要为堆积于沟道、坡面的崩塌、滑坡土体，其物质成分大多为宽级配的砾石、泥、沙、黏土等。其中，形成泥石流的物源大部分来自崩塌、滑坡土体。因此，同体物质来源监测需着重关注泥石流流域内，尤其是物源区坡面、沟道内堆积体（不稳定斜坡）的空间分布、积聚速度以及位移情况，如地表变形监测、深部位移监测等；而对于流域内表层松散固体物质（松散土体、建筑垃圾等人工弃渣），除监测其分布范围、储量、积聚速度、位移情况及可移动厚度外，还应监测其在降雨过程中、薄层径流条件下的物理性质变化情况，如松散土体含水量、孔隙水压力变化过程等。

2. 气象水文条件（水源）监测

水源既是泥石流形成的必要条件，又是其主要的动力来源之一。泥石流源区水源主要以大气降水、地表径流、冰雪融水、溃决以及地下水等为主。对大气降水主要监测其雨量、降雨强度和降雨历时；对冰雪融水主要监测其消融水量和历时；当泥石流源区分布有湖泊、水库等，还应评估其渗漏、溃决的危险性。其中，大气降水引起的泥石流分布最广，因此，针对大气降水，主要监测内容包括流域点雨量监测（自记雨量计观测）、气象雨量监测和雷达雨量监测。

3. 泥石流运动特征及流体特征监测

主要包括泥石流暴发时间、历时、运动过程、流态和流速、泥位、流面宽度、爬高、阵流次数、沟床纵横坡度变化、输移冲淤变化和堆积情况等，通过监测，可进一步计算出泥石流的深度、输砂量或泥石流流量、总径流量、同体总径流量等；另外还需要监测泥石流运动过程中流体动压力、流体冲击力、个别石块冲击力等动力要素。流体特征监测内容主要包括泥石流物质组成（矿物组成、化学成分等）、结构特性（孔隙率、浆体微观结构等）及其相关物理化学性质流（体容重、黏度等）。

4.9　水毁监测技术

水毁监测主要是针对降雨，尤其是在雨季，对降雨和地表水流的监测是水毁监测方法的重要内容。

4.9.1　水毁监测内容和方法

水毁主要受降雨控制，在雨季发生频率较高，因此水毁地质灾害的监测主要是针对降雨以及地表水流的变化情况。

4.9.2　水毁监测技术

1.地理信息系统 GIS 的支持

地理信息系统是以地理空间数据作为基础，按照地理特征的关联，将多方面的数据以不同层次联系起来，构成现实世界模型，并在此基础上采用地理模型分析方法，提供多种空间和动态的地理信息，为地理研究和空间辅助决策服务建立起来的计算机技术系统。它是解决空间问题的工具、方法和技术，具有数据存储、显示、编辑、处理、分析和输出的功能，可为各种交通相关信息的管理与分析提供良好的技术支持。

2. 遥感技术与 GPS 和 GIS 技术对预警的支持

GPS 技术是利用导航卫星进行测时和测距的一种结合卫星通信发展的技术，其应用极其广泛，尤其在交通领域，它具有采集率高、精度高、实时性强等优点，因此在油气管道水毁地质灾害的监测预警方面具有极大作用。

遥感为空间数据框架的采集提供了必要的数据源，为建立应用系统及建设集成环境提供了技术支持，GIS 技术为海量空间数据的存储、管理、分析和应用提供了强有力的技术手段支持。GPS 技术的应用大大加快了数据采集的进程。利用 GIS、GPS 技术对遥感的辅助测量功能，将三者有机的结合，使测量更加科学，数据也更加准确。

4.9.3　水毁监测实例（某油气管道水毁监测方案）

1. 灾害概况

该油气管道工程水毁河段（桩号 QAF256～QAG109 段），管道全长约 25km，全部沿河谷敷设。该河流域面积 122km², 包括白竹山北坡、西坡和白沙水井山南坡汇入干流的河溪 8 条，源于永平县龙街乡境内，后流经龙潭、瓦厂两乡，注入漾濞江。

河道平均坡度 1.46%，最小枯流量为 1.10m³/s。管道沿线地貌为中山河谷，地形较平坦，略有起伏，主要为旱地及水田，局部河道较狭窄。河道分布有大量漂石（漂石粒径最大 2.0m）、卵石、砾石。

该段管道于 2013 年 7 月建设完成，自管道建成至今，经过几个雨季，线路水工保护构筑物出现一定程度的水毁损坏。主要原因分析如下：①河流地形地质条件较为恶劣，主沟及支沟均为泥石流沟，物源丰富，河道坡降大，河道蜿蜒曲折，与管道频繁交叉，管道建成后几个雨季发生较大规模的洪水灾害，河道冲刷下切严重，破坏力极大；②部分水工保护构筑物施工过程中，未准确领会设计意图，施工质量存在问题。流域水毁地形地貌及水工问题的照片组如图 4.27 所示。

图 4.27　水毁地形地貌及水工问题

2. 监测内容

鉴于管道沿河敷设较长，水工问题突出，治理成本高，综合考虑此灾点的危害，建议实施以下监测：在 19#阀室布置一处降雨量自动监测站与水文监测，分析水毁与降雨、水文（流量、流速）之间的关系，对危害进行预测。

3. 监测方案

应用雨量计对水毁区域的降雨情况进行自动化监测。通过实时采集区域降水量，为综合分析水毁与降雨之间的关系，对危害进行预测，提供数据支撑。应用流速计对水毁区域的水文（流速、流量）情况进行自动化监测。通过实时采集河道水文情况，为综合分析水毁与水文（流量、流速）之间的关系，对危害进行预测，提供数据支撑。

依托中部 14#阀室电源，在河流穿越中部阀室布置一座降雨量自动监测站、一座水文自动化监测站，监测区域雨量与河道水文变化情况。

4. 监测系统组成

水毁自动监测系统组成如表 4.6 所示，监测站主要技术参数参见表 4.7。

表 4.6　水毁自动监测系统组成

监测点名称	监测站布置			监测装置		
	监测站名称	单位	数量	主要监测设备	单位	数量
水毁监测	降雨量自动监测站	座	1	雨量监测装置	套	1
	水文自动化监测站	座	1	流速计	套	1

表 4.7　自动监测站主要设备技术参数

序号	自动监测装置名称	主要技术参数
1	河道流速监测装置	监测仪器：雷达流速仪；测量范围：0.1～7.5m/s； 测量灵敏度：±0.02mm/s；测量误差：±1%； 发射频率：24～24.25GHz；发射功率：20～26dBm； 有效距离：0.5～100m；工作电压：12V DC； 工作温度：−20～50℃；信号输出：RS485； 安装方式：壁挂
2	雨量监测装置	监测仪器：雨量计；雨强范围：0.01～4mm/min； 测量分辨率：≤0.5mm；测量精度：≤±4%； 工作电压：12V DC；工作温度：−20～50℃； 信号输出：RS485；安装方式：支架
3	远程终端单元	主要由传感器信号采集模块、控制模块和通信模块组成。 主要技术要求： 输入接口：支持振弦信号、RS485； 通信方式：支持 GPRS/4G/北斗； 支持定时与召测功能；支持通信异常情况下本地数据缓存，待网络连接后主动上报缺失数据功能；存储容量不小于 128MB，确保存储的数据量大于 3 年；支持设备微功耗待机、休眠唤醒的良好电源管理技术；支持工况信息上报；支持卫星定位信息上报； 工作电压：12/24V DC；工作温度：−20～50℃； 安装方式：壁挂/支架

第5章 油气管道地质灾害监测预警技术展望

5.1 现 状 特 点

管道地质灾害监测预警技术是集地质灾害形成机理、监测仪器、时空技术和预测预报技术为一体的综合技术。当前，地质灾害的监测预警技术方法研究与应用基本上都是围绕滑坡、崩塌、泥石流等主要地质灾害进行的。

1. 常规监测方法日趋成熟

常规监测方法技术趋于成熟，设备精度、设备性能都具有很高水平。目前地质灾害的位移监测方法均可以达到毫米级监测水平。常规地表沉降自动化监测示意图如图 5.1 所示。

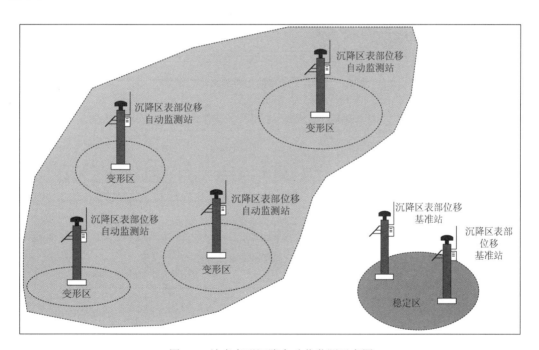

图 5.1 地表变形沉降自动化监测示意图

2. 监测方法多样化、三维立体化

目前的监测方法由于采用了多种有效方法结合对比校核，以及从空中、地面到灾害体深部的立体化监测网络，使得综合判别能力加强，促进了地质灾害分析评价、预测能力的提高。

3. 新技术的应用

随着现代科学技术的发展和学科间的相互渗透，监测技术向实时自动化的方向发展，灾害信息的采集、数据处理和预警均能自动化完成，如隧道裂缝自动化监测站（图 5.2）、河床下切自动化监测系统（图 5.3）等技术相继投入使用。与常规地质灾害监测技术相比，这些新技术具有长距离、实时性、精度高和长期耐久等特点，通过合理的布设，可以方便地对目标体的各个部位进行监测，具有很好的技术应用前景。

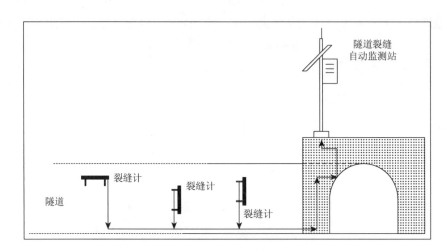

图 5.2　隧道裂缝自动化监测站示意图

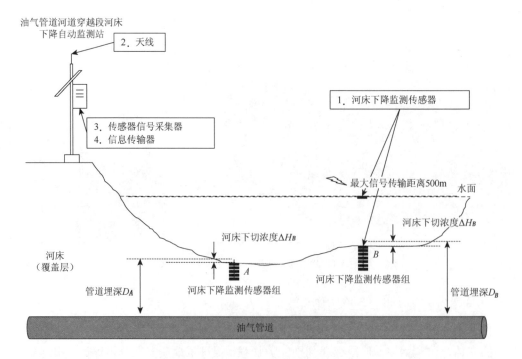

图 5.3　油气管道河道穿越段河床下切自动化监测系统剖面示意图

4. 监测预警实时、自动

随着信息技术的应用，管道地质灾害实时监测预警应用日益广泛，已实现监测数据自动采集、传输、处理，并可通过网络发布预警信息。

5. 灾害体与管体联合监测

由于管道地质灾害预警的重要性，以及灾害体预测的不确定性，单纯以灾害体为对象进行监测难以准确地对管道地质灾害进行预警。因此，在监测灾害体的同时，还需要对管道的应力或位移数据进行监测，两部分的监测数据相互映照，以更好地对管道地质灾害实施预警。

5.2　发展趋势

目前管道地质灾害监测技术应用较为广泛，经过长时间的发展，常规监测方法不断得到完善，新技术新方法也逐渐得到推广。

1. 高精度、自动化、实时化的发展趋势

光学、电学、信息学、计算机技术和通信技术发展的同时，也给地质灾害监测仪器的研究开发带来勃勃生机；能够监测的信息种类和监测手段将越来越丰富，同时某些监测方法的监测精度、采集信息的直观性和操作简便性有所提高；充分利用现代通信技术提高远距离监测数据信息传输的速度、准确性、安全性和自动化程度；提高科技含量，降低成本，为地质灾害的经济型监测打下基础（图 5.4）。

2. 监测预测预报信息的公众化和政府化

随着互联网技术的发展普及以及国家政府的地质灾害管理职能的加强，灾害信息将通过互联网进行实时发布，公众可通过互联网了解地质灾害信息，学习地质灾害的防灾减灾知识，各级政府职能部门可通过所发布信息，了解灾情的发展，及时做出决策。

3. 新技术方法的开发与应用

调查与监测技术方法的融合：随着计算机的高速发展，地球物理勘探方法的数据采集、信号处理和资料处理能力大幅度提高，可以实现高分辨率、高采样技术的应用；地球物理技术将向二维、三维采集系统发展；通过加大测试频次，实现时间序列的地质灾害监测。

4. "4S" 技术的发展

管道地质灾害监测预警系统是以 "4S" 技术 [地理信息系统（geographic information system，GIS）、全球定位系统（global positioning system，GPS）、遥测系统（telemetry system，TS）、专家系统（expert system，ES）] 为核心，充分利用物联网技术、计算机信息技术、

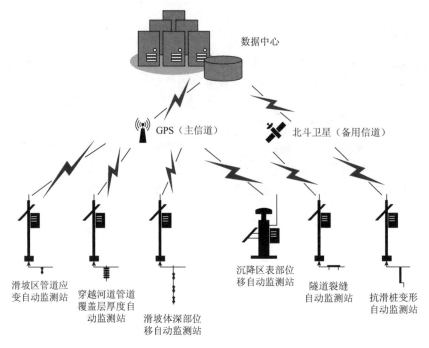

图 5.4　管道地质灾害监测系统总体架构图

嵌入式技术、通信和多媒体技术开发建设的面向管道地质灾害监测设备管理、监测数据分析、预警预报、应急管理、地灾 app 等业务于一体的应用系统，管道地质灾害监测预警系统功能结构如图 5.5 所示。

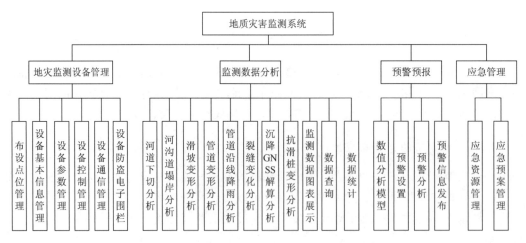

图 5.5　管道地质灾害监测预警系统功能结构图

5. InSAR 变形监测技术的应用

变形监测 InSAR（interferometric synthetic aperture radar）是Ⅱ星技术应用最为成熟的领域之一。星载合成孔径雷达干涉测量因其高精度、高分辨率、全天候等优点已迅速成为常用的大地测量技术之一，旨在通过计算两次过境时 SAR 影像的相位差来获取数字高程模型。随之而来的差分雷达干涉技术（D-InSAR）则是通过引入外部 DEM 或三轴/四轴差分实现了地表变形监测。

干涉的基本原理是同一区域两次或多次过境的 SAR 影像的复共轭相乘，提取地物目标的地形或者形变信息。雷达干涉的模式分为沿轨道干涉法、交叉轨道干涉法、重复轨道干涉法。其中利用重轨干涉为最常用的方式，以此为例，所得到的干涉相位表达式为

$$\varphi_{int} = \varphi_{flat} + \varphi_{topo} + \varphi_{def} + \varphi_{atmo} + \varphi_{noise} \tag{5.1}$$

式中，φ_{flat}——平地相位；

φ_{topo}——地形相位，该相位可以用来恢复地形信息；

φ_{def}——地表形变引起的相位；

φ_{atmo}——大气延迟相位；

φ_{noise}——观测噪声引起的相位。

将平地相位、地形相位、噪声相位、大气相位去除，即可得到地表形变相位。其几何关系如图 5.6 所示。

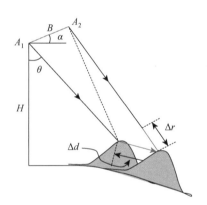

图 5.6　差分干涉测量几何关系

目前，InSAR 技术主要用于石油开采区地表沉降变形的监测以及地震形变的监测，其能够快速提供高精度、高空间分辨率以及大范围空间连续覆盖的地表形变监测结果，为油气管道沿线地表形变监测提供更全面有效的手段。

参 考 文 献

常立功，2014. 川气东送管道典型地质灾害监测预警技术应用研究[D]. 成都：西南石油大学.

陈百炼，2002. 降水诱发地质灾害的气象预警方法研究[J]. 贵州气象，04：4-7.

陈桂亚，袁雅鸣，2004. 山洪灾害临界雨量分析计算方法研究[J]. 水资源研究，36（4）：40-43，54.

陈建勋，刘俊，2005. 三峡区间等雨量线生成算法的研究[J]. 计算机时代，07：25-26，36

程凌鹏，杨冰，刘传正，2001. 区域地质灾害风险评价研究综述[J]. 水文地质工程地质，3：75-77.

丛威青，等，2006. 泥石流灾害多元信息耦合预警系统建设及其应用[J]. 北京大学学报（自然科学版）
　　42（4）：446-450.

崔鹏，2009. 我国泥石流防治进展[J]. 中国水土保持科学，7（5）：7-13.

邓道明，周新海，申玉平.1998. 横向滑坡过程中管道的内力和变形计算[J]. 油气储运，17（7）：18-22.

邓学晶，薛世峰，仝兴华，2009. 崩落岩体对埋地管线横向冲击作用的数值模拟[J]. 中国石油大学学报
　　（自然科学版），33（6）：111-115.

丁明江，吴长春，2004. 专家评分法在油气管道风险分析中的应用[J]. 油气田地面工程，23（1）：14-15.

董绍华，2007. 管道完整性技术与管理[M]. 北京：中国石化出版社.

董绍华，薛亚东，2009. 油气管道地质灾害完整性管理系统——监测、评估、治理[A]. 天然气管道技术
　　研讨会.

杜惠良，等，2006. 浙江省滑波、泥石流多发区气象预警研究[J]. 高原气象，01：151-158.

辜冬梅，等，2012. 基于层次-模糊评价法的山区油气管道地质灾害易发性研究[J]. 中国安全生产科学
　　技术，8（05）：52-57.

顾永强，2010. 世界各国地质灾害防治做法和经验[J]. 生命与灾害，6：34-37.

韩庆红，等，2006，PRISM 在松花江流域降水分布中的应用研究[J]. 南京气象学院学报，01：56-61.

韩子夜，薛星桥，2005. 地质灾害监测技术现状与发展趋势[J]. 中国地质灾害与防治学报，16（3）：138-141.

郝建斌，等，2010. 油气管道地质灾害风险管理技术[M]. 北京：石油工业出版社.

侯景儒，黄竞先，1990. 地质统计学的理论与方法[M]. 北京：地质出版社.

黄健，等，2015. 基于新一代信息技术的地质灾害监测预警系统建设[J]. 工程地质学报，23（01）：140-147.

黄维和，2001. 油气管道风险管理技术的研究及应用[J]. 油气储运，20（10）：1-10.

荆宏远，2007. 落石冲击下浅埋管道动力学响应分析与模拟[D]. 武汉：中国地质大学.

李旦杰，2008. 西南成品油管道地质灾害影响及防治措施[J]. 石油化工安全环保技术，24（6）：35-38.

李观德，1998. 昭通地区滑坡泥石流预警系统及其减灾效益分析[J]. 灾害学，13（1）：50-52.

李华，等，2012. 滑坡作用下的埋地管道强度失效分析[J]. 化工设备与管道，49（6）：54-57.

李建华，2008，基于故障树分析的长输管道定量风险评价方法研究[D]. 兰州：兰州理工大学.

李明，吴斌，等，2017. 油气管道全生命周期安全监测预警探析[J]. 当代化工，46（7）：1385-1388.

李育忠，等，2012. 国内外油气管道检测监测技术发展现状[J]. 石油科技论坛，2：30-35.

李媛，2005. 四川省雅安市雨城区降雨诱发滑坡临界值初步研究[J]. 水文地质工程地质，01：26-29.

李越，刘波，2018. 油气长输管道建设中地质灾害风险管理的研究与应用——以阆中-南充输气管道为例[J].
　　灾害学，33（01）：152-155.

林孝松，2001. 滑坡与降雨研究[J]. 地质灾害与环境保护，03：1-7.

刘传正，2000，地质灾害预警工程体系探讨[J]. 水文地质工程地质，04：1-4.

刘东燕，侯龙，等，2011. 美国地质灾害防治现状综述[J]. 中国地质灾害与防治学报，22（2）：119-24.

卢全中，等，2003. 地质灾害风险评估（价）研究综述[J]. 灾害学，18（4）：59-63.

芦明，宋鹏飞，黄毅，2016. 国外地质灾害及防治策略浅析[J]. 世界有色金属，9：105-107.

鲁学军，等，2014. 地质灾害巡查系统设计与试验[J]. 测绘科学，39（02）：87-92.

罗元华，张梁，张也成，2006. 地质灾害风险评估方法[M]. 北京：地质出版社.

马寅生，等，2004. 地质灾害风险评价的理论与方法[J]. 地质力学报，1：7-18.

马志祥，2005. 油气长输管道的风险管理[J]. 油气储运，24（2）：2-6.

美国地质调查局，美国国家海洋和大气局，2009. 美国的泥石流预警系统（中文版）[J]. 资源与人居环境，7（19）：41-44.

孟国忠，2008. 山区油气管道地质灾害防治研究[M]. 北京：中国大地出版社：21-36.

钱新，2010. 各国滑坡灾害减灾做法[J]. 思考发现，9（109）：82-85.

乔建平，1997. 滑坡减灾理论与实践[M]. 北京：科学出版社.

乔彦肖，徐姗，2012. 国外地质灾害防治实践与研究现状[J]. 河北遥感，1：7-9.

沈茂丁，等，2014. 油气管道地质灾害治理工程设计与审查要点[J]. 油气储运，33（10）：1052-1054.

史飞. 2012. 滑坡作用对大直径埋地管道的力学性能分析[J]. 山西建筑，38（29）：112-114.

宋光齐，李云贵，钟沛林，2004. 地质灾害气象预报预警方法探讨——以四川省地质灾害气象预报预警为例[J]. 水文地质工程地质，02：33-36.

谭万沛，等，1994. 暴雨泥石流滑坡的区域预测与预报——以攀西地区为例[M]. 成都：四川科学技术出版社.

唐斌，2014. 数字管道技术的应用及发展趋势[J]. 行业论坛，33（02）：19.

王海森，等，2001. 石油风险评价概论[M]. 北京：石油工业出版社.

王江山，等，1998. 青海省牧区雪灾预警模型研究[J]. 灾害学，01：30-33.

王其磊，2012. 长输管道地质灾害定量风险评价技术研究[D]. 北京：中国地质大学.

王哲，易发成，2006. 我国地质灾害区划及其研究现状[J]. 中国矿业，15（10）：47-50.

韦方强，等，2002. 山区城镇泥石流减灾决策支持系统[J]. 自然灾害学报，02：31-36.

闻绍毅，李洋，2014. 地质灾害防灾减灾技术研究现状及发展综述[J]. 地质与资源，23（3）：296-300.

向喜琼，2005，区域滑坡地质灾害性评价与风险管理[D]. 成都：成都理工大学

肖行辉，高惠瑛，2014. 我国地质灾害特征及其防治管理措施[J]. 论观察，9：69-70.

谢剑明，等，2003. 浙江省滑坡灾害预警预报的降雨阈值研究[J]. 地质科技情报，04：101-105.

邢庆祝，黄真萍，2003. 地质灾害的现状及建立减轻地质灾害系统工程[J]. 福州大学学报（自然科学版），31（6）：766-769.

徐玉琳，等，2001. 江苏省突发性地质灾害气象预警研究[J]. 中国地质灾害与防治学报，03：82-86.

徐玉琳，等，2006. 江苏省突发性地质灾害气象预警研究[J]. 中国地质灾害与防治学报，01：46-50.

严大凡，翁永基，董绍华，2005. 油气长输管道风险评价与完整性管理[M]. 北京：化学工业出版社.

杨明生，王国勇，等，2017. 中石化油气长输管道地质灾害监测技术介绍[J]. 江汉石油职工大学学报，30（5）：62-64.

余昆，等，1986. 成昆线南段泥石流预警系统的研制和应用[J]. 铁道工程学，04：206-209.

张东臣，2001. 滑坡条件下埋地管道受力分析[J]. 石油规划设计，12（6）：1-3.

张桂荣，等，2005. 基于 WEBGIS 和实时降雨信息的区域地质灾害预警预报系统[J]. 岩土力学，08：1312-1317.

张玲，等，2003. 基于 GIS 的滑坡临界降雨指标的研究[J]. 浙江大学学报（农业与生命科学版），05：25-30.

张业成. 1995. 云南省东川市泥石流灾害风险分析[J]. 地质灾害与环境保护，01：25-34.

张珍，李世海，马力，2005. 重庆地区滑坡与降雨关系的概率分析[J]. 岩石力学与工程学报，17：3185-3191.

郑贤斌，2007. 数字化油气管道系统总体框架设计研究[J]. 石油化工自动化，2：44-47.

钟威，高剑锋，2015. 油气管道典型地质灾害危险性评价[J]. 油气储运，34（09）：934-938.

钟颐，余德清，2004. 遥感在地质灾害中的应用于前景探讨[J]. 中国地质灾害与防治学报，15（1）：134-136.

周建新，吴轩，郭再富，2014. 美国管道事故对我国油气管道安全的启示[J]. 中国安全生产科学技术，10（增刊）：73-78.

朱良锋，殷坤龙，2001. 基于 GIS 技术的区域地质灾害信息分析系统研究[J]. 中国地质灾害与防治学报，03：82-86.

朱卫平，2003. 福建省洪水预警报系统建设与管理[J]. 水利科技，04：21-22.

Aleotti P，Chowdhury R，1999. Landslide hazard assessment：summary review and new perspectives[J]. Bulletin of Engineering Geology & the Environment，58（1）：21-44.

Anbalagan R，Singh B，1996. Landslide hazard and risk assessment mapping of mountainous terrainsa case study from kumaun himalaya，India [J]. Engineering geology，43：237-246.

Barnoski M K，Jensen S M，1976. Fiber waveguides：A novel technique for investigating attenuation characteristics[J]. Applied Optics，15（9）：2112-2115.

Carrara A，1983. Multivariate models for landslide hazard evaluation[J]. Mathematical Geology，15（3）：403-426.

Carrara A，Cardinali M，Guzzetti F，1992 .Uncertainty in assessing landslide hazard and risk [J]. ITC Journal，2：172-183.

Davis T J，Keller C P，1997. Modelling and visualizing multiple spatial uncertainties[J]. Computers & Geosciences，23（4）：397-408.

Finney M A，Bain N R，1989. Analyzing landslip hazards with GIS technology[J]. Public Works，120（13）.

Garrison W L，Alexander R，Bailey W，et al.，1965. Data Systems Requirements for Geographic Researc[Z]. Northwestern University，4：139-151.

Kahneman D，Tversky A，1979. Prospect theory：An analysis of decision under risk[J]. Econometrica，47（2）：263-291.

Kihara M，Hiramats M K，Shima M，1990. Distributed Optical Fiber Strain Sensor for Detecting River Concrete buildings and structures[R]. SPIE：60-90.

Magura M，Brodniansky J，2012. Experimental research of buried pipelines[J]. Procedia Engineering，（40）：50-55.

Mora S，Vahrson W G，1994. Macrozonation methodology for landslide hazard etermination [J]. Bulletin of the Association of Engineering Geologists，XXXI（1）.49-58.

Muhlbauer W K，2005. 管道风险管理手册（第二版）[M]. 杨嘉瑜，李钦华，等译. 北京：中国石化出版社. // Mehretra G S，Sarkar S，Dharmarraju R，1992. Landslide hazard assessment in Rishikesh- Tehri area，Garhwal Himalaya[C]. Proc .6th .Int .Symp .Landslides，Christchurch，New Zealand，2：1001-1007.

Newmark N M，Hall W J，1975. Pipeline design to resist large fault displacement[C]. Proc of US Confon Earthq Eng. Oakland：ERRI：416-425.

Yuan F，et al.，2012. A refined analytical model for landslide or debris flow impact on pipelines-Part II：Embedded pipelines[J]. Applied Ocean Research，35（1）：105-114.